XIAOFANG ANQUAN BIZHI DUBEN

消防安全必知读本

主编 张 网 李 野

天津出版传媒集团
天津科技翻译出版有限公司

图书在版编目(CIP)数据

消防安全必知读本 / 张网，李野主编.
—天津:天津科技翻译出版有限公司,2019.12
ISBN 978-7-5433-3931-6

Ⅰ.①消… Ⅱ.①张… ②李… Ⅲ.①消防-安全教育-基本知识 Ⅳ.①TU998.1

中国版本图书馆 CIP 数据核字(2019)第 103475 号

出　　版:天津科技翻译出版有限公司
出 版 人:刘子媛
地　　址:天津市南开区白堤路 244 号
邮政编码:300192
电　　话:(022)87894896
传　　真:(022)87895650
网　　址:www.tsttpc.com
印　　刷:北京博海升彩色印刷有限公司
发　　行:全国新华书店
版本记录:710mm×1000mm　16 开本　8.75 印张　250 千字
2019 年 12 月第 1 版　2019 年 12 月第 1 次印刷
定价:35.00 元

(如发现印装问题,可与出版社调换)

编委名单

主　编　张　网　李　野

副主编　张　欣　慕洋洋　果春盛　伍　晗

编　委　王　玥　任常兴　孙晓涛　吕　东　李　晋　张　琰　张　楠　姜　楠

前　言

火灾事故是现代社会危害较大、发生较频繁的灾害。据近年的统计资料显示，我国几乎每年都会发生群死群伤的火灾事故。根据《中国消防年鉴》的统计，2017年全国消防部门共接报火灾28.1万起。从火灾发生的场所来看，2017年居(村)民住宅发生火灾12.5万起，约占总火灾发生数量的44.5%；商场、市场、宾馆、饭店、歌舞娱乐厅、学校、医院、车站、码头等人员密集场所发生火灾约2万起。人员密集场所由于人数众多，一旦发生火灾可能给人民群众生命财产安全造成严重损失。虽然近年来火灾事故发生数量、人员伤亡和财产损失整体呈下降趋势，但火灾防控水平仍有较大的提升空间。《中华人民共和国消防法》强调，消防工作要贯彻预防为主、防消结合的方针，这充分体现了火灾预防在消防工作中的重要性。提高民众防火意识、了解基本消防安全知识对火灾预防有着非常重要的意义。

本书首先介绍了消防安全基本常识，主要以高层建筑、地下建筑、大型综合体为代表，介绍了几种典型场所火灾的特点，描述了常见消防设施设备及如何正确使用消防设备。其次，详细阐述了火灾的预防、初起火灾扑救方法和防火意识与技巧，并在第六章中给出了不同场所发生火灾时的逃生技巧。

本书条理清晰、通俗易懂，可作为普通大众了解消防知识的基础读本，也可作为开展消防安全教育、宣传的辅导读本。

由于编者水平有限，书中难免存在疏漏和不足之处，欢迎读者提出宝贵的修改意见和建议。

编者

2019年9月

目　录

加入本书读者交流群
▶ 入群指南详见本书封二
与书友
沟通交流共同进步

第一章 火灾基本常识

火的出现将人类送上了文明的第一台阶,开创了人类社会的新纪元。火为工业生产提供了强大动力,蒸汽机、内燃机、航天器等,每一项伟大的发明都离不开火,火给我们的日常生活带来了极大的便利,人们的衣、食、住、行各个方面因火的出现发生了重大变革。火能点燃辉煌,也能烧毁文明。许多文化遗产在火的肆虐下消失殆尽,多少个幸福的家庭在无情大火中支离破碎。因此,在生活中我们要科学地认识“火”,掌握“火”的特点及规律,才能有效预防并减少火灾的发生。

第一节 火的三要素

燃烧是指可燃物与氧化剂发生的放热反应,通常伴有火焰、发光和(或)烟气的现象。燃烧的发生和发展过程必须同时具备三个条件,即可燃物、助燃物(氧化剂)和引火源。三个条件是支持燃烧的必要条件,缺一不可(见图 1-1)。

一、可燃物

可燃物,泛指可以燃烧的物品。凡是能与空气中的氧气或其他氧化物发生燃烧的均属于可燃物,如纸张、取暖用的煤、汽油、厨房中的天然气等。可燃物按其物理状态,分为可燃气体、可燃液体和可燃固体;按其化学组成,则分为有机可燃物和无机可燃物。大多数可燃物为有机可燃物。

二、助燃物

助燃物(氧化剂)是指能与可燃物相结合发生燃烧反应的物质。助燃物具有氧化性,燃烧过程伴随氧化还原反应发生,空气中广泛存在的氧气就是一种典型的助燃物。

三、引火源

引火源是指能引起可燃物燃烧的点火能源。常见的引火源分为以下四大类。

(一)化学火源

明火、自燃等。常见的明火有蜡烛焰、煤炉火、焊接火焰等,绝大多数明火焰的温度超过 700℃,焊接火焰可达 2000℃~3000℃。

自燃通常是指在无外来引火源的情况下,可燃物本身进行化学反应放热,当温度超过可燃物自燃点时，则发生自燃，如钠、钾等活泼金属遇水着火。

（二）热火源

高温表面、热射线。所谓热火源是指具有较高温度、通过向可燃物传递热量导致可燃物着火的点火能源。常见热火源有无焰的烟头、木炭火星、焊接金属熔渣等。实验表明，烟头中心温度可达 700℃~800℃，烟头表面温度也在 250℃左右，可点燃纸张、可燃纤维、高纯度酒精（乙醇）等。

（三）电火源

电气火花、静电火花、雷击放电。电火花可将电能转化为热能，一旦放电能量大于可燃气体（粉尘）的最小点火能，便可能引发火灾爆炸事故。

（四）机械火源

碰撞、摩擦、绝热压缩。机械火源是通过将物体间相对运动（摩擦、碰撞、压缩等）产生的机械能转变成热能的一类引火源，如撞击、摩擦产生的高温火花能点燃棉絮以及易燃气体、粉尘等。绝热压缩点燃是指快速压缩的气体温度会骤然升高，当温度超过自燃点时，可燃物便会发生燃烧。如生活中给自行车打气时，会发现打气筒温度明显上升。据计算，常温（20℃）常压下 1 体积的空气，经绝热压缩使体积压缩一半，这时的压力可上升 2.6 倍，温度会升高到 115℃。

图 1–1　燃烧三要素

第二节　火灾的定义与分类

火既是我们的朋友，又是我们的敌人。火一旦失去控制，便会对公共安全和社会安定造成威胁。了解火灾的定义和分类，是认识火灾规律，形成安全防范意识的基础。

一、火灾的定义

火灾是各种灾害中最普遍、发生频率最高的灾害之一。依据国家标准，火灾是指在时间或空间上失去控制的燃烧。

二、火灾的分类

生活中时常会听到有关火灾的报道，这些规模大小不同的火灾可以按照不同的方式进行分类。

(一)按危害程度分类

根据《生产安全事故报告和调查处理条例》(国务院令第493号)中规定，火灾分为特别重大火灾、重大火灾、较大火灾和一般火灾四个等级。

特别重大火灾：是指造成30人以上死亡，或者100人以上重伤，或者1亿元以上直接财产损失的火灾。如2015年6月27日发生在台湾新北市的“八仙乐园”彩虹派对粉尘爆炸事故，造成近500人受伤，200多人重伤。2015年5月25日，河南省平顶山市鲁山县康乐园老年公寓发生的特别重大火灾事故，造成39人死亡，6人受伤，直接经济损失2064.5万元。

重大火灾：是指造成10人以上30人以下死亡，或者50人以上100人以下重伤，或者5000万元以上1亿元以下直接财产损失的火灾。如2015年6月25日，郑州市西关虎屯小区一单元楼底层电表箱着火，截至6月26日造成13人死亡，4人受伤。

较大火灾：是指造成3人以上10人以下死亡，或者10人以上50人以下重伤，或者1000万元以上5000万元以下直接财产损失的火灾。

一般火灾：是指造成3人以下死亡，或者10人以下重伤，或者1000万元以下直接财产损失的火灾。

(注：“以上”包括本数，“以下”不包括本数。)

(二)按燃烧对象分类

国家标准《火灾分类》(GB/T 4968-2008)根据可燃物的类型和燃烧特性，将火灾分为A、B、C、D、E、F六大类。

A类火灾(见图1-2)：是指固体物质火灾。这种物质通常具有有机物质性质，一般在燃烧时能产生灼热的余烬，如木材、煤炭、棉、毛、麻、纸张等火灾。

B类火灾(见图1-3)：是指液体或可熔化的固体物质火灾，如汽油、煤油、柴油、甲醇、乙醇、沥青、石蜡、塑料等火灾。

图1-2 A类火灾

图1-3 B类火灾

C 类火灾(见图 1–4):是指气体火灾,如煤气、天然气、甲烷、乙烷、丙烷、氢气、乙炔等火灾。

D 类火灾(见图 1–5):是指金属火灾,如钾、钠、镁、钛、锆、锂、铝镁合金等火灾。

E 类火灾(见图 1–6):是指带电火灾,物体带电燃烧的火灾。如变压器、电动汽车等设备的电气火灾。

F 类火灾(见图 1–7):是指烹饪器具内的烹饪物(如动、植物油脂)火灾。

图 1–4　C 类火灾

图 1–5　D 类火灾(金属钠着火)

图 1–6　E 类火灾

图 1–7　F 类火灾

第三节　火灾的发展特点

一、建筑火灾发展规律

尽管火灾来势汹汹、破坏力惊人,但其恐怖的面纱下往往掩藏着一定规律。只有掌握了火灾发生、发展的规律,才能有效预防、控制火势的发展,最终将火灾彻底扑灭。火灾的发展过程大致可分为初期增长、充分发展和衰减熄灭阶段(见图 1–8)。

(一)初期增长阶段

一般来说,可燃物在被引燃初期,燃烧面积较小,参与反应的可燃物较少,局部燃烧产生高温对整个室内环境的影响作用不大,并且燃烧产生的烟气量不大,尚未大范围蔓延扩散。此时的火灾尚不具备规模,对建筑物破坏性有限,被困人员有一定逃生时间。同时,如果火情发现及时,消防设施与人力充足,采用恰当的消防扑救方法,可以有效控制火势发展,甚至完全扑灭。

(二)充分发展阶段

如果火灾初期没有得到及时控制,可燃物就会持续燃烧。这时燃烧速度持续加快,周围温度升高,不断生成大量的热烟气,气体对流增强,热烟气在浮力的作用下向上流动,形成烟气羽流并不断卷吸周围的空气。当烟气到达顶棚时,便沿顶棚向四周扩散。随着火场温度的升高,热烟气的不断聚积,人员逃生难度加大。但是,如果掌握正确的逃生自救方法,仍然可以逃出火场。

随着燃烧范围的扩大,当室内温度达到400℃~600℃时,室内绝大多数可燃物均会被卷入燃烧,这一瞬时的转变过程称为轰燃。一旦着火房间发生轰燃,标志着火灾进入旺盛期,室内可燃物全面燃烧,温度急剧上升。如果被困人员在轰燃前未能撤离火灾现场,火灾将严重威胁其生命安全。因此,要想脱离险境,就必须在轰燃前及时撤离火场。然而,并非所有的火灾都会出现轰燃,如大空间、环境湿度大的场所就不易发生轰燃。

(三)衰减熄灭阶段

随着可燃物质燃烧、分解,其数量不断减少,火灾将呈下降趋势,热辐射强度与气体对流逐渐减弱,温度逐渐下降。当可燃物质全部燃尽后,火便自然熄灭。

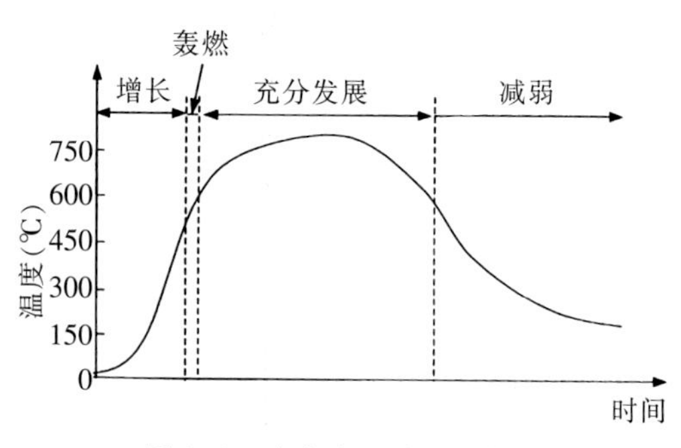

图1-8 火灾发展过程示意图

二、火灾的特点

随着社会经济的快速发展,全国火灾发生率、伤亡率也日趋上升。在日常活动中,火灾真的让我们束手无策吗?只要我们能够认识和掌握火灾的特点及发展规律,因地制宜地采取防、救措施,完全可以把火灾消灭在萌芽状态,将火灾的危害控制到最小。

(一)室内火灾的特点

1.突发性

任何火灾的发生事先都没有预警,是人所未知的。当火灾发生或发现火灾发生时,已呈燃烧状态,如自燃、爆炸、电气设备短路及用火不慎等引起的火灾。火灾中任何事物都具有突发性特质，如温度的突然升高、烟气的突然侵入、方向感的突然失去等。突发性也是火灾造成人们恐慌的重要原因，突然的恐惧与危害刺激可能使人们不能冷静地采取应对方式，丧失扑救与逃生的第一时间。

2.多变性

由于建筑物内部结构形式、装修材料、储存物品性质和储量各异，不同的火灾，其形成和发展过程都不尽相同。民用住宅单元密集，空间相对较小，装修材料多为木材等易燃材料，发生火灾时燃烧迅速，火势集中，易导致轰燃。此外，住宅的逃生路径狭窄、单一，影响扑救和逃生。商用建筑的面积、空间较大，内部装修材料复杂，空气流通良好，发生火灾时，火势猛烈，蔓延迅速，过火面积大，因其区域人员密度大，如果疏散和逃生混乱、方法不当，极易造成群死群伤。

3.瞬时性

美国防火委员会的科学家们曾做过反映火灾瞬时性的实验。实验人员在一间起居室里点燃一个废纸篓，然后记录纸篓从起火到引起一场火灾所需要的时间。实验表明：纸篓点燃 2 分钟后，感烟探测器响了；3 分钟后，起居室内温度上升到足以造成人身伤害的温度——260℃，楼上楼下的房间充满毒烟；4 分钟后，楼上楼下的过道已不能通行；片刻之后，仍滞留在房间里的人就可能会被烟呛死，或者被烧死。因此，火灾的瞬时性表现在火场逃生人员对火情的处理上。对于处于初期增长阶段的火灾，如果采取及时正确的措施，便会避免灾难的发生。相反，如果见到火情，惊慌失措，不知如何扑救或没有及时报警，就会酿成大祸。同时，火灾的瞬时性表现在火场人员的逃生意识上。能否安全撤离，只在一念之差，如果掌握了火场逃生的基本常识及技能，对逃生做出正确的判断，便会绝处逢生。此外，火灾的瞬时性还表现在火灾本身的无规律性上。现场所采取的一切手段和方法都必须根据火情的发展针对性地选择。

4.高温性

火场中燃烧蔓延速度快，短时间内热量聚积，特别是火灾发展到轰燃时，周围温度骤然提高，可以达到几百摄氏度，甚至上千摄氏度。人在 100℃的环境中便会出现虚脱现象，丧失逃生能力，那么，近千摄氏度的高温对人的危害是可想而知的。

5.烟毒性

火灾的发生必然伴随着大量有毒烟气的生成，由于可燃物的不同，所生成的有毒气体也不一样。常见的烟气含有一氧化碳、二氧化碳、硫化氢、氯化氢、氰化氢、二氧化氮等气体。这些烟气一旦被人吸入，会产生中毒表现。“烟毒猛于虎”。近年来，由于大量新型复合材料的广泛应用，烟气成分的复杂性增加，一般为多种有毒物质的混合体，其对人体的危害远远大于单一有毒气体的危害。如果火场被困人员吸入低浓度烟气，便会出现呕吐、头痛、头晕等症状。如果吸入了大量的烟气，则可能在瞬间失去知觉，甚至导致死亡。因此，火灾发生时和逃生过程中，防止烟气的毒害尤为重要。

（二）室外火灾的特点

室外火灾不仅具有室内火灾的基本特点，还具有其自身的一些特点。

1.室外火灾的燃烧呈完全暴露状态,空间制约小,受氧量充分,空气对流强,所形成的火场面积相对较大。

2.室外气温对火灾影响较大。温度越高,可燃物燃烧升温越快,与起火点温差越小,更容易被引燃,火势迅猛发展。相对温度低时,起火点与环境存在较大温差,可燃物受热分解产生的气体减少,火势蔓延速度较慢。当然,这对于火灾的整个燃烧过程是瞬时的,但却能给逃生、扑救提供一定时间。总之,环境温度对于火势的发展起着较大的影响作用。

3.室外风力对火灾的影响也很大,主要有三方面:第一,风使火焰向下风方向倾斜,风力越大,倾斜角越大,引燃下风向可燃物的可能性就越大;第二,自然风源源不断地补充有氧空气,使燃烧更为猛烈,火势蔓延更快;第三,当风速达到 4 米/秒以上时,就有出现飞火的可能,极有可能引燃邻近可燃物,引起新的着火点,使得火势扩大。

第四节 烟气的危害

火灾中燃烧产生的滚滚浓烟是最危险的“蒙面杀手”。美国学者曾对 933 起建筑火灾中死亡的 1464 人进行了分析研究,结果发现,有 1062 人是因缺氧窒息和中毒而导致死亡,占总数的 72.5%。随着高分子合成材料在建筑行业中的广泛应用,火灾所生成的烟气变得越来越复杂,随之带来的危害也愈加严重。火灾烟气的危害主要表现在毒害性、减光性和恐怖性三个方面。

一、毒害性

火灾烟气的毒害性表现在以下四个方面。

(一)有害气体

通常,燃烧产生的烟气中含有各种有毒、有害气体。一氧化碳是燃烧烟气中含量最多的一种气体,它会迅速结合人体血液中的血红蛋白,导致血红细胞丧失携带氧气的能力。人员疏散允许的一氧化碳最高浓度为 0.2%, 并且当环境一氧化碳浓度达到 1.3%时,人呼吸 2~3 次即造成意识丧失,3 分钟内即可致命。然而,一般着火房间一氧化碳浓度可达 4%~5%,最高可达 10%左右,远超过安全阈值。

二氧化碳是大多数有机物完全燃烧的产物,它也是火灾生成的主要气体之一。虽然二氧化碳本身没有毒性,但高浓度的二氧化碳对人的中枢神经系统有麻醉作用。人接触二氧化碳允许浓度为 3%,火灾燃烧旺盛的建筑内二氧化碳浓度可达 15%~23%。过高浓度的二氧化碳会导致各器官充血、水肿、功能障碍,最终导致死亡。

除了上述两种气体,橡胶、皮革、塑料等含硫、含氯有机物燃烧还会产生硫化氢、氯化氢和氰化氢等气体，这些气体均会对人体的呼吸系统、循环系统、神经系统造成不同程度的伤害，影响人的正常呼吸和逃生行为。因此，火场逃生的关键是防止吸入烟气。

（二）缺氧

空气中的氧气是我们维持生命必不可少的。正常情况下，空气中的氧气含量为21%左右，当氧含量降低到15%时，机体能力下降；降到10%~14%时，人体会出现四肢无力、智力混乱、辨不清方向等症状；当氧气浓度低于6%时，短时间内人将因缺氧而窒息死亡。火灾现场，由于物品燃烧消耗大量的氧气，使得氧气的含量低于人体所需要的数值，最低可降到3%左右。因此，要及时逃离火场，以免发生意外。

（三）高温

随着火场中可燃物的燃烧，热量不断聚积，很快便能达到几百摄氏度。地下建筑中，火灾烟气的温度可以达到1000℃以上。面对火灾，人体是脆弱的。当环境温度超过95℃时，皮肤的忍受时间会急剧下降；120℃时15分钟内会对皮肤造成不可恢复的灼伤。随着温度的升高，造成这种灼伤的时间会变得更短。在140℃时约为5分钟，到了170℃时仅为1分钟。另外，热烟气对人的呼吸道的损伤也是极其严重的。当火场温度达到49℃~50℃时，人的血压就会迅速下降，即导致循环系统衰竭。一旦吸入70℃的高温气体，气管、支气管黏膜便充血起水泡，进而组织坏死，并引起肺水肿而窒息死亡。

（四）悬浮颗粒

火场上的悬浮颗粒主要指燃烧中析出的碳粒子、焦油状液滴等灰尘，其中危害最大的就是直径小于10微米的飘尘。它们会随气体的流动，进入人体的肺部，黏附并聚集在肺泡壁上，而且可以随血液送至全身，引起呼吸道病变、增大心脏病死亡率。此外，一些如醛、酸等有害物质会附着在烟尘上，把有毒或刺激性的物质带入呼吸系统，影响人的机体。

二、减光性

所谓烟气的减光性，是指火灾中悬浮烟尘对于可见光的遮蔽作用。火灾中，弥漫在空气中的不透明烟尘不断增加，加上热烟与毒性气体（如二氧化硫）对眼部的刺激，对人的视觉造成严重影响。

三、恐怖性

面对火灾的发生，人们极易出现恐惧心理，此时人们的心理比较脆弱，尤其当人陷入昏暗之中后，无法辨清方向，愈发感到恐惧。而这种恐惧正是疏散和逃生的最大障碍，常常使人失去理智和行动能力，无法正常疏散，甚至相互挤压、踩踏，堵塞逃生路径，错失自救与被救的良机。

第五节 火灾报警

一、火灾报警的重要性

发现火情及时报警是每个公民应履行的义务。依据《中华人民共和国消防法》(2008年修订)第四十四条明确规定,“任何人发现火灾都应当立即报警。任何单位、个人都应当无偿为报警提供便利,不得阻拦报警。严禁谎报火警。”

一般情况下,火灾发生的前十几分钟内,火灾处于初期阶段,这时火焰不高,燃烧不强,是火灾扑救的关键时期。统计资料表明,1/3 的案例中消防队到达现场时火灾已经燃烧 10 分钟以上,此时火灾可能已经处于发展阶段或猛烈燃烧阶段。因此,一旦发现火情,尽早报警,可有效降低财产损失,减少人员伤亡。

二、火灾报警方式

(一)拨 119 向消防救援队伍报警

发现火灾时,应沉着冷静,做到准确、迅速地报警(见图 1–9),其基本要求是:

1.正确拨打 119 火警电话,切勿惊慌。

2.要讲清楚起火时间、地点,如所在区(县)、什么小区、几楼几室。

3.说明火势情况,如产生浓烟、有火光但火势较小、火势凶猛等。

4.讲清什么物质起火及数量,如电气、家具、燃气、有无危险化学品等。

5.要讲清报警人的姓名、电话号码等信息。

6.报警后,本人立即或派人到单位门口、街道口或交通路口迎候消防车,带领消防队迅速赶到火场。

图 1–9 火灾报警

(二)向周围群众报警

发现火情时,可通过喊话、鸣笛等方式告知周围的人,以便大家尽快撤离。若自己被困火场,设法让周围的人发现,并及时报警。当火势不大时,可动员大家采取有效措施进行灭火。

(三)利用消防设施报警

目前,很多公共场所及高层住宅内都安装有火灾自动报警系统,当发现火情时,可通过手动报警按钮或消防电话进行报警,这些系统可将火警信号传输到消防控制室,从而使控制室内工作人员及时发现火情并启动消防灭火系统。

温馨提示:谎报火警属于违法行为

2016 年 2 月 14 日,湖北省襄阳市消防支队 119 指挥中心接到报警电话,声称某电影院失火,立即调集 3 个消防中队以及 1 个消防执勤点出动 9 台消防车,60 余名消防员赶赴火灾现场,结果发现是一名 13 岁少年谎报火警,只为检验出警速度。

少年的无心之举,其实已触犯我国相关法律法规。我国《治安管理处罚法》第二十五条明确规定,散布谣言,谎报险情、疫情、警情或者以其他方法故意扰乱公共秩序的,处 5 日以上 10 日以下拘留,可以并处 500 元以下罚款;情节较轻的,处 5 日以下拘留或者 500 元以下罚款。谎报火警不但破坏消防队正常执勤秩序,而且严重扰乱了社会治安。有限的消防资源被“假火警”占用,如果这时一旦在同一辖区内真正发生火灾或者紧急情况,则会影响到火灾事故的扑救或救援。

火灾发生的原因多种多样,自然界的雷击和闪电、撞击摩擦产生的火花、高温物体的热辐射或物质自身缓慢氧化放热都可能导致明火的产生(见图 1–10)。据统计,2016 年 1 月至 6 月,全国共接报火灾 17.2 万起,其中,较大火灾 38 起,未发生重大和特大火灾。共造成 1667 人伤亡,其中死亡 911 人,受伤 756 人,已核直接财产损失 19.2 亿元。从引发火灾的直接原因看,因电气引发的火灾共 48 392 起,占总数的 28.3%;因生活用火不慎引发的火灾共 31 045 起,占 18.1%。此外,吸烟引发的占 5.2%,玩火引发的占 4.1%,自燃引发的占 2.9%,生产作业不慎引发的占 2.6%,放火引发的占 1.6%,雷击静电引发的占 0.1%,原因不明确的占 5.9%,其他原因引发的占 28.4%,起火原因在查的占 2.9%。其中,38 起较大火灾中,电气引发的最多,共 13 起,占 34.2%,用火不慎引发 5 起,吸烟引发 2 起,生产作业引发 1 起,玩火

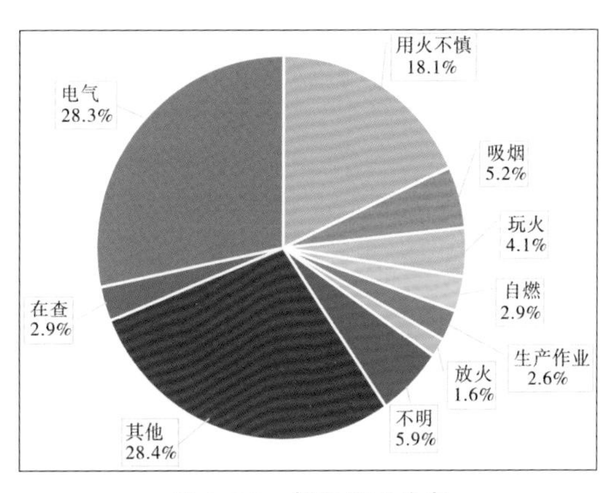

图 1–10　起火原因分布

引发1起,放火引发1起,原因不明确1起,其他原因7起,在查7起。

每一个数据背后,一起起触目惊心的火灾在提醒我们:预防火灾,任重道远。火灾的发生具有很大的随机性和不确定性,其发生的原因也随着经济的发展和科学技术的进步而变得越来越复杂。根据我国对火灾原因方面的调查统计,起火原因大致分为以下几个方面。

(1)用火不慎:指人们思想麻痹大意,或者用火安全制度不健全、不落实以及不良生活习惯等造成火灾的行为。

(2)电气火灾:违反电器安装使用安全规定,或电线老化或超负荷用电造成的火灾。

(3)违章操作:指违反安全操作规定等造成火灾的行为,如焊接等。

(4)放火:指蓄意造成火灾的行为。

(5)吸烟:指乱扔烟头,或卧床吸烟引发火灾的行为。

(6)玩火:指儿童、老年痴呆者或智障者玩火柴、打火机而引发火灾的行为。

(7)自然原因:如雷击、地震、自燃、静电等。

(8)烟花爆竹引发火灾(图1-11)。

一、生活用火不慎是致灾主因

根据《中国消防年鉴》提供的数据,2005—2014年全国起火原因统计表明,生活用火不慎是近十年中造成火灾的最主要原因之一,共造成396 229起火灾,占火灾总数的18.94%。另据统计,2015年用火不慎共造成59 826起火灾,占当年火灾总数的17.7%。以下是几起典型的生活用火不慎引起的火灾案例,从中可窥一斑。

2014年1月8日,内蒙古自治区通辽市奈曼旗八仙筒镇衙门营子村外东北约500米处,独立存放在该村村民张某某家田地里的玉米秸秆垛发生火灾,造成在秸秆垛内玩耍的3名儿童死亡,直接财产损失1500元,起火原因系放假期间儿童在秸秆垛内使用明火烧烤食物,引燃周围可燃物。

2014年12月12日,山东省济南市市中区欣都花园小区12号楼一户居民由于在阳台用取暖炉烧火时不慎引燃周边可燃物,导致家中发生火灾,造成3人死亡,过火面积220平方米,直接财产损失5万元。

2016年1月11日,磐安县仁川镇石下村民房发生火灾,此次火灾共受灾13户,被烧毁的土木建筑18间,共计面积441.26平方米,室内的大部分物品均被烧毁,所幸未造成人员伤亡。起火处为厨房灶台区域,起火原因是村民胡某在灶膛处借余温烘烤柴火,并疏于管理,不慎引发火灾。

图1-11 烟花爆竹引发火灾

几十年来,由于生活用火不慎导致的

火灾事故居高不下,这不得不引起我们的思考。用火不慎,归根结底是人为因素引发的,人们消防安全意识淡薄,忽视潜在危险,或者心存侥幸,认为这种灾害不会发生在自己身上。大火无情,我们应该树立消防安全意识,掌握安全用火技能,以避免悲剧的重演。

二、电气火灾是引发火灾最大元凶

电气火灾一般是指由于电气线路、用电设备、器具以及供配电设备出现故障性释放的热能,在具备燃烧条件下引燃本体或其他可燃物而造成的火灾。如高温、电弧、电火花以及非故障性释放的能量,如电热器具的炽热表面,也包括由雷电和静电引起的火灾。日常生活中所用的电气设备在安装、使用过程中,违反电器安全使用规定或者线路老化、短路、乱拉电线等造成的火灾均属于电气火灾。据《中国消防年鉴》统计,自 2005 年起电气火灾一直居于我国火灾事故首位,截至 2014 年,共造成 541 879 起火灾,占火灾总数的 25.91%,占重特大火灾总发生次数的 80%,且损失占火灾总损失的 53%(见图 1-12)。

2002 年 2 月 18 日,河北省唐山市古冶区随意电子游戏厅发生特大火灾。火灾由于变压器绝缘老化,长时间通电造成过热现象,引燃周围可燃物所致。游戏厅老板的父亲在灭火过程中被烧死,唯一的出口被烟火堵住,正在里面玩游戏的 16 人无法逃生,6 人当场窒息死亡,10 人经抢救无效死亡。大火共造成 17 人死亡,1 人受伤。

2015 年 5 月 25 日 19 时 30 分许,河南省平顶山市鲁山县康乐园老年公寓发生特别重大火灾事故,造成 39 人死亡、6 人受伤,过火面积 745.8 平方米,直接经济损失 2064.5 万元。起火原因是局部区域给电视机供电的电器线路接触不良发热,高温引燃周围的电线绝缘层、聚苯乙烯泡沫、吊顶木龙骨等易燃可燃材料,造成火灾。

图 1-12　电气线路短路引发火灾

随着人们的物质生活水平不断提高,电能相应得到了广泛地开发与应用,电气火灾已成为我国引发火灾的最大元凶,减少、抑制电气火灾刻不容缓。

三、电动自行车火灾成为新的罪魁

随着城市版图的发展扩大,轻便快捷的电动自行车逐渐取代传统人力自行车成为城镇居民的新宠。然而,随着电动自行车的普及,由其引发的火灾事故接踵而至,成为新的致灾罪魁。

2009 年 7 月 4 日,江苏省常熟市某镇一民宅底楼发生火灾,过火面积 10 平方米,火灾造成 3 人死亡,火灾系房屋内停放电瓶车电气线路故障发生燃烧所致;2014 年 7 月 3 日,河南省商丘市夏邑县业庙乡南街苏泊尔生活馆发生火灾,造成 3 人死亡,过火面积为

660 平方米，直接财产损失 20.2 万元，起火原因为电动自行车充电线路短路；同年 7 月 31 日，同样是由于电动自行车电气线路短路，造成河南郑州某民宅发生火灾，造成 4 人死亡，7 人受伤……

电动自行车火灾具有很高危险性。经过燃烧实验发现，电动自行车起火后，1 分钟左右就冒出刺鼻浓烟，此时温度可达 600℃；随后发生爆炸，3 分钟火焰温度高达 1200℃。电动自行车的部分材料为易燃可燃物，燃烧会伴有大量浓烟，在楼道等相对封闭的空间，短时间内有毒气体就能覆盖整个空间，常常造成亡人后果。并且火灾多发生在电动车充电过程中，可能是电气线路短路、充电器线路过负荷，或者电池故障引起。另外，私自改装的电动车也成为引发火灾的主要原因。由于电动车多是在夜间充电，也就造成了电动车火灾多发生于夜间，地点主要集中在楼道内。因此，我们要选购质量合格的电动车，提升安全使用意识，避免楼道内停放电动自行车，确保充电部位与人员居住场所完全分离(见图 1–13)。

图 1–13　电动自行车火灾

四、小烟头能酿大火灾

吸烟不仅是威胁人们身体健康的一大公害，而且是引起火灾事故的原因之一。据《中国消防年鉴》统计，2005—2014 年，全国因吸烟引发的火灾共 125 609 起，占火灾总数的 6.0%。可见，吸烟引发的火灾仍然不是一个小数目。

2004 年 2 月 15 日，吉林省吉林市中百商厦发生特大火灾。火灾造成 54 人死亡，70 人受伤，直接经济损失 426 万元。经技术专家鉴定，火灾系中百商厦雇员将嘴上叼着的香烟掉落在仓库中，引燃地面上的纸屑纸板等可燃物引发的；2014 年 5 月 13 日，辽宁鞍山市某居民住宅由于住户在卧室吸烟引发火灾，造成 3 人死亡，直接财产损失 22 万元；2014 年 6 月 12 日，重庆市渝中区居民小区发生火灾造成 4 人死亡，2 人受伤，过火面积约为 81 平方米，起火原因为住宿人员将烟头丢弃在可燃物上引发火灾(见图 1–14)。

也许有人会问，一个小小的烟头怎么会有这么大的威力？居然还能烧死人？答案是肯定的。因为点燃后的香烟具有较高的温度。据测试，点燃的香烟其中心温度在 700℃左右，边缘部位温度也会达到 200℃~300℃，而常见可燃物如纸张、棉麻及其织物等，其燃点大都介于 200℃~300℃之间。

图 1–14　小小烟头能酿大灾

因此，未熄火的烟头足以引燃固体可燃物和易燃品。因此，为了自己和他人的生命、财产安全，我们切记不要乱扔烟头，不要卧床吸烟，不要在危险品存在的环境下吸烟，杜绝因吸烟而引发火灾。

五、儿童切莫玩火

玩火是引发火灾事故的重要原因之一。玩火者，主要是少年儿童。儿童年幼无知，对火充满了好奇，由于不了解火的危险性，每年因孩子玩火造成的火灾事故时有发生。据火灾调查统计显示，近十年中，平均每年玩火导致火灾比例占全部火灾的5%左右；其中，2015年全国因玩火所引发的火灾11 492起，占全年火灾总数的3.4%；2016年1至6月份，因玩火引发的火灾7052起，占全年火灾总数的4.1%。

2014年3月26日，广东揭阳普宁市军埠镇一个主要生产内衣的家庭作坊，因郑某的孩子用打火机点燃该建筑一层楼梯口南侧堆放的海绵堆垛，引发重大火灾，造成12人死亡，5人受伤。

2015年2月5日，惠东县义乌小商品批发城因一9岁男孩在该商场四楼一家店铺前用打火机玩火，引起货品燃烧并蔓延，导致四楼雅图影院内17人死亡，2名群众、4名消防员受伤，过火面积约为3800平方米，直接经济损失1173万元人民币。

频发的儿童玩火事件惹人忧。少年儿童是一个“危险”的群体，作为家长，一定要耐心地向孩子们讲明玩火的危险性，加强对他们的教育，绝对不能让小孩子玩火。同时社会组织和团体应加强消防知识宣传教育，这样不仅能让他们认识到火灾的严酷性、防火的重要性和玩火的危险性，而且还可以通过他们提高其家人的消防安全意识，可谓一举多得(见图1–15)。

图1–15　孩子玩火，不容忽视

第七节　易燃易爆危险品

天津港“8·12”特大火灾爆炸事故震惊全国，全国人民无不哀痛，其沉重代价和惨痛教训敲响了公共安全的警钟。哀痛之余我们应该反思，我们对身边的危险品认识有多少？究竟有多少人知道关于危险品的安全知识？为了我们生存环境和自身的安全，我们有义务了解危险品的相关知识，识别身边的危险品，提高防范意识，学会正确使用危险品。

一、危险品的定义

危险物品是指具有爆炸、易燃、毒害、感染、腐蚀、放射性等危险特性，在运输、储存、生产、经营、使用和处置中，容易造成人身伤亡、财产损毁或环境污染而需要特别防护的物质和物品。

二、危险品的分类

常见的危险化学品种类繁多，性质各不相同，而且每一种危险化学品往往表现出多种危险特性，但在众多危险性中，必有一种对人类危害最大的危险性。基于此，通常采用“择重归类”的原则，即根据化学品的主要危险性进行分类。

根据国家标准 GB6944–2012《危险货物分类和品名编号》按危险品具有的危险性或最主要的危险性分为 9 个类别(见图 1–16)。

第 1 类，爆炸品。

第 2 类，气体。

第 3 类，易燃液体。

第 4 类，易燃固体、易于自燃物质、遇水放出易燃气体的物质。

第 5 类，氧化性物质和有机过氧化物。

第 6 类，毒性物质和感染性物质。

第 7 类，放射性物质。

第 8 类，腐蚀性物质。

第 9 类，杂项危险物质和物品，包括危害环境物质。

(注：类别序号顺序并不是危险程度的顺序。)

图 1–16　危险品分类

三、易燃易爆危险品的火灾危险特性

通常，人们常说的易燃易爆危险品是指容易燃烧爆炸的危险品，包括 GB6944-2012《危险货物分类和品名编号》中的易燃气体、易燃液体、易燃固体、易于自燃的物质和遇水放出易燃气体的物质、氧化性物质和有机过氧化物。这些物质往往对热、摩擦、振动、湿度敏感，在日常生活中一定要充分了解各类物质的火灾危险性，做到科学分类、安全管理，确保生命和财产安全。

（一）易燃气体的火灾危险性

1.易燃易爆性

易燃易爆性是易燃气体的最主要特性，所有处于燃烧浓度范围内的易燃气体，遇点火源就有可能发生燃烧或爆炸。不同种类的气体其发生燃烧或爆炸所需最小点火能不同，这取决于其化学组成，有的气体遇到极微小的能量即可引爆。通常，易燃气体组成越简单，燃烧速度就越快，危险性就越大，如氢气（H_2）比甲烷（CH_4）燃烧速度更快，火焰温度更高，爆炸浓度范围更广。此外，分子结构中存在双键或三键的易燃气体，其稳定性差，火灾危险性大（见图 1-17）。

2.扩散性

气体相比液体和固体更容易扩散，因为它们分子间距大，相互作用小，并且根据其密度不同，表现出不同的特点。

当气体密度比空气轻时，很容易散逸在空气中，与空气形成爆炸性混合气。如常见的氢气、天然气等。

当气体密度比空气大时，泄漏后气体往往停留在地面、沟渠等低处，随着可燃气体不断积聚，在局部形成爆炸性混合气，遇点火源发生火灾或爆炸。

图 1-17　燃气泄漏应急处置

3.可压缩性和膨胀性

热胀冷缩是我们熟知的物理常识，气体更是如此，其胀缩的幅度较液体大的多。如储罐中液化石油气受热会气化，剧烈膨胀。

4.带电性

气体在发生泄漏的过程中，气体分子间的相互运动产生摩擦，或者气体中含有的杂质颗粒相互摩擦，会产生静电。如液化石油气喷出时，可产生 9000V 的静电电压，其放电火花足以引起燃烧或爆炸，具有很高危险性。

5.腐蚀性、毒害性

（1）腐蚀性

易燃气体的腐蚀性主要是指含有氢、氨、硫等元素的气体具有腐蚀性。如氢气、硫化氢、氨气都能腐蚀设备,长期腐蚀导致设备管路开裂,可燃气体泄漏,引发火灾爆炸事故。

(2)毒害性

毒害性是指某些易燃气体,如一氧化碳、氨气等对人体具有毒害性。因此,在遇到具有毒害性易燃气体泄漏事故时,应做好安全防护以防中毒。

(二)易燃液体的火灾危险性

1.易燃性

易燃液体的特点是在空气中接触火源极易着火并持续燃烧(见图 1–18)。

图 1–18 液体罐车严禁烟火

2.爆炸性

与其他液体一样,易燃液体在任何温度下都能蒸发,与空气混合形成爆炸性蒸气,遇明火即会发生爆炸。易燃液体的蒸发速度不仅与温度等环境因素有关,而且取决于其自身沸点、密度等性质。

3.受热膨胀性

易燃液体同样具有受热膨胀性。密闭容器中的易燃液体受热后,自身体积膨胀同时蒸气压力增加,当超过该容器承受压力极限时,容器便会发生膨胀,以致爆裂。夏季盛装易燃液体的桶出现的"鼓桶"、玻璃容器爆裂,就是由于受热膨胀所致。

4.流动性

流动性是液体的基本物理特性。流动性增加了易燃液体的火灾危险性。在石油化工类火灾中,常会遇到流淌火,其蔓延速度快,着火面积大,给火灾扑救带来困难。

5.带电性

大多数易燃液体属于电介质,在灌注、运输和喷流过程中能够产生静电,当静电荷聚集到一定程度,则发生放电,有可能引起火灾或爆炸事故。

6.毒害性

部分易燃液体或其蒸气,可通过人体皮肤、呼吸道、消化道进入人体,对人体造成刺激、中毒作用。

(三)易燃固体的火灾危险性

1.燃点低、易点燃

易燃固体的着火点较低,一般都低于300℃,在常温下仅需很小的能量即可引燃。

2.遇酸、氧化剂易燃易爆

绝大多数易燃固体遇酸、氧化剂会迅速放出大量热,引起火灾或爆炸。如镁、铝等固体遇酸会形成爆炸性气体;红磷遇氯酸钾、高锰酸钾、过氧化物和其他氧化剂时,可引起爆炸。

3.毒害性

易燃固体大都本身或其燃烧后会产生有毒物质。如二硝基苯、二硝基苯酚等含有硝基、亚硝基、重氮等基团的物质,本身在燃烧时会伴随产生一氧化氮、氰化物等有毒气体;硫与皮肤接触即可引起中毒。

(四)易于自燃的物质的火灾危险性

1.遇空气自燃性

大部分易于自燃的物质是强还原剂,遇空气会迅速被氧化,并产生大量热量,达到自燃点而燃烧,当遇到氧化性更强的物质时,甚至发生爆炸。

2.遇湿自燃性

硼、锌、锑、铝的烷基化合物类易自燃物品,化学性质非常活泼,除了遇空气等氧化剂自燃外,遇水或受潮也会发生分解自燃,甚至爆炸。

3.积热自燃性

一些易于自燃的物质在常温下会发生缓慢分解,随着热量的蓄积,达到自燃点而发生燃烧。如硝化纤维胶片、影片胶卷等。

(五)遇水放出易燃气体的物质的火灾危险性

1.遇水或遇酸燃烧性

遇水或遇酸燃烧性是此类物质的共性。因此,在储存、运输和使用此类物质时,应注意防水、防潮。此类物质着火时,不能用水或泡沫灭火剂扑救,应用沙土、二氧化碳、干粉灭火剂等进行扑救。

2.自燃性

一些金属碳化物、硼氢化合物放置于空气中即可自燃,有的金属氢化物遇水能生成可燃气体放出热量而发生自燃。因此,在储存这类物品时,必须与水隔离,注意防潮。如金属钠、钾存放在煤油中,金属锂保存在液体石蜡中或者是封存在固体石蜡中。

3.爆炸性

有些遇水放出易燃气体的物质如电石(碳化钙)等,与水作用生成可燃气体与空气形成爆炸性混合物。

(六)氧化性物质和有机过氧化物

1.氧化性物质的火灾危险性

(1)氧化性

氧化性是氧化性物质的固有属性,这类物质氧化性强,与可燃物作用能发生着火和爆炸。如碱金属、碱土金属性质活泼,氧化性极强。

(2)受热撞击分解性

大多数氧化性物质受热、被撞击或摩擦时易分解出氧,若接触易燃品即有可能引起着火或爆炸。如硝酸铵受热、猛烈撞击时,会迅速分解而引起爆炸。

(3)与可燃液体作用自燃性

有些氧化性物质,如高锰酸钾、过氧化钠等与可燃液体接触会发生化学反应,放热引起燃烧。

(4)与酸作用分解性

大多数氧化性物质与酸作用会发生分解反应,并放出大量热量,甚至引起爆炸。如高锰酸钾、氯酸钾遇酸会发生剧烈反应,具有很高危险性。

(5)与水作用分解性

活泼金属过氧化物遇水会产生氧气,引起可燃物燃烧。如高锰酸钾与含水的纸张、棉布接触时,会立即引起燃烧。

(6)强氧化性物质与弱氧化性物质作用分解性

强氧化剂与弱氧化剂接触会发生复分解反应,并放出大量热量,从而引起燃烧甚至爆炸。如硝酸铵与硝酸钠反应生成不稳定的亚硝酸铵,其受热或震动撞击时可发生爆炸,受热时会分解,放出有毒烟气。

(7)腐蚀毒害性

部分氧化性物质具有一定的腐蚀毒害性,会对人体造成伤害,如化学实验室用到的铬酸洗液,既有很强的腐蚀性,又由于其中含有高价铬离子,引起铬中毒。

2.有机过氧化物的火灾危险性

(1)易燃性

许多有机过氧化物非常易燃,在常温下即可自燃。如二叔丁基过氧化物高度易燃,闪点为18℃,其蒸气和空气形成爆炸性混合物。

(2)分解爆炸性

有机过氧化物不仅易燃,而且极易分解爆炸,由于分子内含有过氧基(-O-O-),分子结构不稳定,对温度、冲击和摩擦敏感。如二乙酰过氧化物在存放中就有可能发生燃烧爆炸;过氧苯甲酰极不稳定,在撞击、受热、摩擦时能爆炸。因此,在日常储存、运输中,应特别小心,做好防火、防爆措施,严禁受热,避免摩擦、撞击。

(3)伤害性

有机过氧化物的毒害性体现在一些过氧化物,如二乙酰过氧化物、二叔丁基过氧化物,会对人的眼睛造成伤害。

加入本书读者交流群
▶ 入群指南详见本书封二
与书友
沟通交流共同进步

第二章 不同场所火灾的特点

随着社会的发展，经济生活水平的不断提高，建筑形式及活动场所类型向多元化、多功能方向发展以满足社会发展和人们精神文化及物质生活水平不断提高的需求。近年来，各式各样的建筑如雨后春笋般涌现出来，如高层建筑、地下建筑、大型综合体建筑、大型活动场馆等；娱乐休闲场所在数量上和形式上也越来越多，成为人们物质生活和精神文化生活中不可或缺的一部分，如电影院、剧院、KTV、酒吧、洗浴等。建筑功能趋于多元化，一般同一建筑内包含多种不同功能的场所，而且不同形式的建筑，结构框架及使用形式也不相同。这些场所在使用期间一般人员较多，一旦发生火灾，如不及时扑灭易造成人员伤亡。然而，各场所因其自身结构形式和使用功能等方面的差异，在火灾时会表现出不同的特点，具体介绍如下。

第一节 高层建筑

高层建筑是指建筑高度大于 27 米的住宅建筑和建筑高度大于 24 米的非单层厂房、仓库和其他民用建筑。近几十年来，随着社会经济的发展，高层建筑发展迅速，据不完全统计，截至 2015 年底，天津市 100 米以上的高层就超过了 150 座。由于高层建筑装修富丽豪华，火灾荷载大，再加上楼层高，灭火救援困难。一旦发生火灾，会造成较大人员伤亡及财产损失。其火灾特点主要体现在以下几个方面。

一、火势蔓延快

高层建筑的楼梯间、电梯井、管道井、风道、电缆井等竖向井道多，如果防火分隔处理不好，发生火灾时就好像一座座高耸的烟囱，成为火势迅速蔓延的途径。尤其是高级宾馆、综合楼和图书馆、办公楼等高层建筑，一般室内可燃物较多，一旦起火，燃烧猛烈，蔓延迅速。据测定，在火灾初期阶段，因空气对流，在水平方向烟气扩散速度为每秒 0.3 米，在火灾燃烧猛烈阶段，各管井烟气扩散速度则可达每秒 3~4 米。假如一座高度为 100 米的高层建筑发生火灾，在无阻挡的情况下，半分钟左右，烟气就能顺竖向管井扩散到顶层，其扩散速度是水平方向的 10 倍以上。

二、疏散距离长

高层建筑结构复杂、层数多、垂直距离长，而普通电梯在火灾时往往因不防烟火或停电等原因而无法使用,只能依靠楼梯进行疏散,因此,疏散到地面或其他安全场所需要的时间变长。再加上人员集中,各竖井空气流动畅通,火势和烟雾向上蔓延快,大大增加了疏散的难度。此外,我国有些经济较发达城市的消防部门购置了少量的登高消防车,但大多数有高层建筑的城市尚无登高消防车,而且其高度也不能满足安全疏散和扑救的需要。这些都是发生火灾时影响高层建筑疏散的不利条件。

三、扑救难度大

高层建筑高达数十米,甚至达数百米。目前国内外现有消防装备的登高能力有限,发生火灾时,消防员很难接近着火点进行灭火救援,从室外进行扑救相当困难。因此一般要立足于自救,即主要靠室内消防设施。但由于目前我国经济技术条件所限,高层建筑内部的消防设施还不够完善,尤其是二类高层建筑仍以消火栓系统扑救为主,因此,扑救高层建筑火灾往往遇到较大困难,例如,热辐射强、火势蔓延速度快、高层建筑的消防用水量不足等。

第二节　地下建筑

随着城市建筑水平的不断提高,在城市地上建筑发展前景有限的情况下,地下建筑以其不对地表造成影响、容易满足规划、开发空间大、降温采暖费用低等优点在改善城市整体功能结构和优化城市风貌中的作用逐渐突显出来。因而,现在各大城市包括中小城市,地下建筑越来越多,发展深度越来越深,地下二、三层比比皆是,规模与功能也越来越复杂。近年来地下建筑火灾事故频发,由于地下建筑存在与外界连通部位少,通风采光排烟差等特点,导致火灾时人员疏散和扑救难度相对于地上建筑大大增加,消防工作面临着新挑战。要做好地下建筑的消防安全工作,就必须了解地下建筑的火灾特点,才能采取正确的预防和应对措施。地下建筑的火灾特点主要有以下几点。

一、起火点隐蔽,不能及时发现火灾

地下建筑本身结构形式决定了其具有一定的封闭性,与外界相通的门窗洞口少,室内光线比较幽暗,与外界换气少,供气不足。发生火灾后,由于供气不足,起火点燃烧速度慢,很多地方都比较隐蔽,起火点就比较难发现,错过扑救初起火灾的最佳时机,最终容易酿成大祸。

二、发烟量大，且烟气不易排出

地下建筑发生火灾时，由于其封闭性，氧气供应不足，起火物质处于不完全燃烧的状态，会产生大量的烟气和一氧化碳、硫化氢等有毒物质。地下建筑相对地上建筑，与外界直接相通的门窗洞口少，主要靠专业的排烟系统和通风系统进行排烟和气流交换，然而有很多地下建筑机械排烟装置缺乏维护保养，存在功能故障或工作性能不稳定等不利因素，这更是降低了通风排烟效果，大量烟气和有毒气体聚集在相对封闭的空间内，无法扩散，致使地下建筑内的有毒气体在短时间内迅速聚集，能见度也大幅度下降，火灾危险性就更大了。

三、火场温度高，散热困难

地下建筑没有直接对外的窗户，直接对外的门也极少，通风口的面积小，火灾时热量很难自然排除。另外，地下建筑四面都是钢筋混凝土结构，这些材料的保温效果非常好，导致热传导的速度也非常缓慢。因而，地下建筑的热量根本无法很好地扩散传导出去，导致内部温升速度快，造成更大的伤害。

四、人员疏散照明差

地下建筑完全靠人工照明，照明度比地上建筑自然采光差，发生火灾后，正常电源被切断，现场仅靠应急照明灯和应急疏散指示标志灯照明；有些场所部分灯具不能正常工作，有些甚至没有应急照明灯和应急疏散指示标志灯，加上现场浓烟滚滚，能见度快速降低，影响人员的正常视觉，疏散难度加大。

地下建筑的疏散路线比地上建筑少，仅能靠通向室外的楼梯间进行疏散。火灾时，出入口可能成为排烟口。当机械排烟设施不能正常排烟或没有机械排烟设施时，人员疏散方向就和烟气扩散方向一致，并且烟气扩散速度比人员疏散速度快，在人员还没来得及疏散到安全区域时，浓烟就可能已经侵占了疏散通道，这时能见度大大降低；而且人员很容易被高温的烟气灼伤，燃烧产生的大量有毒气体还会使人员中毒，这些因素都在很大程度上影响了人员的正常疏散。

此外，由于地下建筑结构的特殊性，出入口少，疏散距离长，消防救援装备很难发挥作用，也进一步增加了疏散难度。

五、火灾扑救难以进入

地下建筑火灾扑救难度大，主要表现在以下几个方面：第一，地下建筑与外界相通的出入口少，视线差，消防员从外面很难准确地判断起火部位、起火原因以及火势发展情况，对现场情况不能很好的把握，很容易丧失及时控制、扑救火灾的良机。第二，地下建筑疏散通道少，有些通道还比较狭窄，可供灭火进攻路线少，大多数情况下消防员必须逆烟从地面进入，能见度低，这样就大大加大了进攻难度。第三，火灾发生后，地下建筑中的无线通信信号差，易造成某些高科技消防装置不能发挥作用，地上与地下人员的通讯交流难度大。第四，地下建筑受自身结构条件限制，很多消防设施、设备无法使用或使用起来较难，不能充分发挥救援设备的功能，比如，在地下铺设水带难度更大，地下纵深长、弯道多，需要增加水带铺设数量，烟气大、视线差、对呼吸器性能、照明度的要求更高。

第三节　大型综合体

大型综合体是指集商业、办公、居住、旅店、餐饮、文娱等功能于一体的多功能建筑。随着经济的高速发展，大型综合体建筑进入暴发式发展，吸引的人群也越来越多，其作为一种公共聚集场所，结构与功能复杂，人员密集，流动性大，极易发生火灾。以上这些特征决定了其火灾危险性与一般建筑有着显著的不同特点，主要表现在以下几个方面。

一、多类型火灾特性共同存在

大型综合体建筑功能多样，内部相对独立的功能空间多采用钢结构、部分钢结构加细木工板或钢骨架覆石膏板分隔，各小空间通过走道、连廊等联结在一起。发生火灾时，在大火猛烈燃烧的作用下，一定时间内分隔结构会坍塌，立即转入大跨度空间火灾。所以在火灾发展过程中多种类型的火灾特点会在同一时间和空间内出现。比如，餐厅、服装店、办公室、游艺室、旅馆、地下车库等不同功能的场所各有其火灾特点，但当这些场所集中在一个大型综合体时，这些火灾特点会在同一空间相互叠加和放大。

二、可燃物多，火灾载荷大

大型综合体内经营的商品不仅种类繁多，且大多数都是可燃易燃物品。有些商品本身虽然是不燃材料，但其包装盒、包装箱都是可燃材料。还有一些店铺经营或存放如指甲油、发胶、摩丝、小包装汽油和酒精(乙醇)等商品，虽然数量小，但都属于易燃易爆危险化学品，火灾危险性较大。另外，商店里陈列商品的货架、柜台等装饰装修材料大都为可燃材料。大量可燃物品的堆积，火灾载荷大大增加，一旦发生火灾易造成巨大的财产损失。

三、人员多，面积大，难于疏散

大型综合体是人们娱乐消费的主要场所，每天接待的顾客成千上万，在节假日，有时候客流量甚至高达10万余人次，除了青壮年还有众多活动能力相对较差的老年人、儿童。这类建筑虽然空间大，疏散通道多，但由于结构复杂，顾客对空间结构不熟悉，还有部分安全出口被遮挡、封堵或上锁，一旦发生火灾，顾客惊慌失措，极易造成恐慌，很难准确快速地寻找到疏散路线和安全出口。即使找到了疏散路线和安全出口，在极度恐慌的环境下，大量人员迅速涌向疏散出口，极易在疏散通道、安全出口等地方造成拥堵，出现拥挤踩踏事故，致使火灾时大量人员被困在火场。加之商业店铺内部储存了大量的棉、毛、化纤织物、橡胶和塑料制品等可燃物品，这些物品燃烧时产生大量的烟雾和一氧化碳、二氧化硫等有毒气体，会使火场能见度降低和造成人员中毒甚至窒息死亡。一旦发生火灾极易造成人员伤亡。

四、火灾蔓延快，难于扑救

大型综合体建筑面积一般都比较大，为了功能上的特殊需求及美观，结构空间往往较复杂，如有大型的活动场地、中庭、跨越楼层的自动扶梯、大型的购物超市等场所。其内空间开阔，空气流通条件好，可燃物多且间隔距离近，发生火灾后火势会从起火点迅速向周围蔓延，向低燃点物品和楼梯间的方向发展较快。商场在满足功能需求使内部空间尽量开阔的同时，其防火分隔设置必然很少，很多地方是上下四面连通，如其防火分隔不到位或防火分隔设施在火灾时不能及时有效地正常工作，会造成火烧连营的现象，在中庭等竖向空间上会形成“烟冲效应”，迅速蔓延形成立体火灾。这类建筑一般位于繁华的商业区，邻近建筑多，消防车较难靠近起火建筑迅速开展扑救。商厦窗户被封堵、外墙被广告牌包裹、消防水源不足等问题也会使扑救更加困难。

第四节　大型群众性活动场所

大型群众性活动是指法人或其他组织面向社会公众举办的每场次预计参加人数达到1000人以上的活动，包括体育比赛、演唱会、音乐会、展览、游园、庙会、花会、焰火晚会等，以及人才招聘会、现场开奖的彩票销售等活动。这类活动场所聚集的人群多且密度大，人员结构复杂，有些现场环境复杂，一旦发生火灾，易造成恐慌和发生拥挤踩踏事件。其主要火灾特点如下。

一、临时搭建的电气线路多，易引发火灾

电气火灾成因多见为，照明灯具引燃其近旁的织物、纤维、纸张等可燃物扩大成灾；电气设备故障引起火灾；电气线路接触不良或超负荷过载发热引燃电线包覆材料起火，电线漏电、短路产生电弧火花引燃可燃物等。大型群众性活动举办频次相对较少，活动主题多变，因此每次举办时，场所内的大部分电气设施设备都是临时搭建的，用电设施比较多，临时拉电更多，电气线路的安全性和可靠性相对较低，引发电气火灾的可能性就相应增大。

二、燃放烟花的现象多，易引发火灾

在举办音乐会、娱乐节目、节日庆典等大型群众性活动时，为了营造特殊的气氛，往往会燃放烟花爆竹。但燃放烟花爆竹不当很容易引发火灾事故，这方面的案例不胜枚举，如 2009 年元宵节之际，中央电视台新大楼北配楼因燃放烟花而发生火灾。

三、明火管理不善

在举办大型群众性活动的场所，如音乐会、庙会、展销会、招聘会等地点，往往会设有临时餐厅、小吃摊位等，随之就必然出现厨房用火，甚至出现液化气钢瓶作为燃料和卡式炉等之类的烹调明火。再加上场所人员众多、繁杂，吸烟者难以禁绝，有的吸烟者还会随意丢弃未熄灭的烟头。如若对这些明火管理不善，很有可能引发火灾。

四、人员高度密集、疏散困难，易引起拥挤踩踏事故

大型群众性活动举办时，参与人员都是千人以上，有些甚至上万。而且人员一般都是并排坐着或站着，对于一些招聘会、商品展览会等场所，有时候人员都拥挤在一起。一旦发生火灾，易引起人员恐慌，现场大量的人员争相逃难，易造成拥挤踩踏事故，堵塞疏散通道，严重影响人员的安全疏散，而且一旦发生踩踏事故，极易造成群死群伤。比如 2014 年 12 月 31 日，上海外滩陈毅广场踩踏事件造成 36 人死亡，47 人受伤；2013 年 10 月 13 日，印度中部一所寺庙外发生踩踏事故，造成至少 115 人死亡，受伤人数超过 100 人。

五、火势发展迅速、蔓延快

大型群众性活动要么是在露天场所临时搭建举办，要么是在体育馆、礼堂、剧院等大体量的建筑内举办。如果是在露天场所举办，空气流通，气流量大，发生火灾后，流通的气流会带来大量的氧气，一点点小火如不及时扑灭，极可能在短时间内迅速发展成大火，并向四周蔓延。如果是在大体量的建筑内举办，则会因为建筑空间高，跨度大，门、窗洞口多，很多地方都连通，而导致空气流通快、热对流迅速，会出现一处着火，多处流窜的现象，火灾在极短的时间内向四周蔓延。有些场所装饰装修材料大部分都是可燃的，且分布广泛，再加上其燃烧热值大，火灾时燃烧释放的热量大，会很快在建筑内部形成高温高压，使得热烟四处蔓延，易造成内部大面积甚至全部燃烧，最终极有可能会导致整体建筑结构坍塌。

六、室外场所消防力量薄弱，消防设施配备不完善

在室外举办的大型群众性活动场所一般都是临时搭建的，与室内活动场所比较，首先，没有防火防烟分隔设施，敞开空间大，火灾时不能很好地把火灾控制在一定的区域内，易造成火势蔓延和烟气扩散；其次，缺少火灾自动报警系统、自动喷淋系统等各种防火、灭火设施设备，大多数场所仅在重要位置配备了灭火器，一旦出现有可能引起火灾的明火，不能很好地及时预报、扑救。

第五节　歌舞娱乐放映游艺场所

歌舞娱乐放映游艺场所主要是指歌舞厅、录像厅、夜总会、卡拉 OK 厅、游艺厅、桑拿浴室(不包括洗浴部分)、网吧等娱乐场所。随着人们生活水平的不断提高，对精神生活和物质享受的追求越来越高，各式各样的娱乐场所应运而生，颇受欢迎。这类场所人员密集、流动性大，建筑结构复杂、装修使用的可燃材料居多，电气设备量大、使用频繁，一旦发生火灾，极易造成群死群伤的重大人员伤亡火灾事故。这类场所主要火灾特点如下。

一、可燃物多，火灾载荷大

这类场所为了营造特殊的娱乐氛围，内部设计较为密闭，隔音要求高，装修装饰豪华，从吊顶造型材料、墙面的壁纸到地面的地毯，从桌椅、沙发、柜台、吧台等家具到窗帘、桌布等装饰物，大部分都是可燃、易燃材料。再加上这类场所室内空间紧凑，容纳的可燃物多，导致火灾载荷大。

二、电气设备多，使用频率高，易引发火灾

这类场所由于功能需求，一般电气设备居多。比如 KTV、酒吧等场所为了营造特殊的气氛，房间封闭性较强，采用大量的装饰灯具，主要靠电器设备照明、通风、换气及调节室内温度；网吧、电子游艺室等场所设有大量的电脑、电子游戏机等电子设备，在营业期间，这些电子设备几乎都处于运行状态，使用频率非常高，用电量大。但这些场所的电气设备在安装、使用及管理方面存在许多不安全的地方，如大功率照明灯具靠近或接触可燃材料安装，电气线路不穿管敷设，线路、插座等老化，私拉乱接电气线路，超负荷运转，对用火用电没有进行严格的监管，这些都极易引发火灾。

三、人员密集，环境复杂，不易发现初起火灾

这类娱乐场所在营业期间会聚集大量的人群，里面的环境嘈杂、幽暗，顾客一般都沉浸在娱乐游戏之中，比如唱歌、跳舞、喝酒、玩游戏等。当发生火灾后，在火还很小的时候，由于光线昏暗，人们酒后意识不清，或正沉迷于歌声、游戏中，很难及时发现火灾，就会错过扑救初起火灾的最佳时机，进而导致火势增大，酿成大祸。

四、疏散困难，易发生群死群伤事故

从众多火灾案例来看，造成这类娱乐场所重大人员伤亡的一个主要原因就是疏散问题。该类场所普遍存在疏散路线隐蔽、曲折，疏散指示标志、应急照明不符合要求，通道被堵等问题。有些经营者为了便于管理和防盗，把一些对外的安全出口和过道的门给锁死，原本应有的疏散逃生路线就被切断了。一旦发生火灾断电后，如若应急照明无法正常工作，内部将会一片漆黑，易造成人员恐慌，再加上有些安全出口被封，逃生路线减少，人们很难在安全时间内疏散至安全区域，极易发生群死群伤的事故。比如 2014 年 12 月 15 日，河南长垣皇冠 KTV 火灾，KTV 内二三楼的包间窗户被木头钉死，后门

疏散通道被锁死，导致大火发生时人员无法有效疏散逃生，火灾造成 11 人死亡，13 人重伤。

大部分歌舞娱乐放映游艺场所的经营者为了充分利用空间，营造歌舞厅、游戏厅等的氛围，在装修改造时，改变建筑内部结构，如在局部设置隔层来扩大营业面积，设置大量的包厢、雅座等独立的小空间，改变疏散走道的宽度，改变安全出口的数量和位置等，这就易形成疏散通道拐弯多、迂回曲折、隐蔽，疏散出口和安全出口数量不足，人员从房间疏散门出来很难快速准确地找到疏散路线。

该类娱乐场所为了营造特殊的氛围，其内部环境昏暗，疏散通道狭窄曲折，有的疏散通道距离过长，不符合规范对疏散通道的宽度和长度的要求。另外，大部分的场所都存在疏散通道被堵、疏散通道上的疏散指示标志和应急照明灯损坏、疏散出口和安全出口被锁的现象，这些问题都大大阻碍了人员在火灾时的安全疏散。

五、消防意识淡薄，消防安全管理不到位

大多数 KTV、酒吧类娱乐场所的经营者消防安全意识淡薄，擅自改建、扩建经营场所，且未经消防审核、验收及开业前的消防安全检查就开业投入使用；消防安全责任人和管理人不重视消防安全管理，对场所的消防安全监管不严；未制订消防安全管理制度或管理制度不全，有的即使制订了但落实情况较差；消防设施维护保养不到位，很多消防设施在火灾时无法正常投入使用，仅成摆设；安全出口、疏散门被锁，疏散走道、楼梯间内堆放杂物等现象成为常态；对员工的消防安全培训落实不到位，导致员工的消防安全意识淡薄，缺乏必要的扑灭初期火灾、引导顾客疏散、逃生的技能；没有严格的用火用电制度，私拉乱接电气线路、营业期间动火作业；为了招揽生意、迎合顾客的需求，员工对顾客的行为通常不做限制，顾客都在独立的空间内娱乐，这类消费人群大部分消防意识淡薄，经常有玩弄烛火、燃放烟花、吸烟等不安全行为出现。例如，2009 年 1 月 31 日福建长乐拉丁酒吧火灾，大火共造成 15 人死亡，22 人受伤，火灾原因是当日酒吧内有 10 余名青年男女开生日聚会，在酒精(乙醇)的作用下，年轻人开始在室内燃放烟花爆竹，最终火星飞溅到采用可燃物装饰的天花板，可燃物在短时间内迅速燃烧，短短 1 分钟大火吞噬了整个酒吧。

第六节 大巴、公交车等常用公共交通工具

随着城市化进程的加快，大巴、公交车等公共交通工具作为城市客运中一种短程、经济的运输工具，越来越成为人们出行的首选，在日常运行中承担的客流量较大。然而由于车内空间小、乘客多，大多数情况都是人挨人、人挤人，人员密度相当大；再加上乘客一般都会随身携带一些物品，且多数为可燃物，可燃物聚集在一起，导致火灾载荷大。一旦发生火灾，火势发展迅速，烟气会在短时间内充满整个车厢，而且车厢相对封闭，逃生出口少且狭窄，极易造成重大人员伤亡。其主要火灾特点如下。

一、突发性强

公共交通工具火灾事故往往由交通事故或人为纵火引起。不管是由于车辆本身零部件引发的火灾还是由于机械故障、撞击及翻车引发的火灾，一般都发生在车辆行驶过程中，因此发生的时间没有规律，具有较强的突发性。

二、潜在危险因素多，火灾发展迅速

火灾时，车体的燃料储瓶、油箱、电路等在高温环境下极易发生爆炸、爆燃等现象，车厢内的座椅及内饰材料等在燃烧时会产生大量有毒有害的浓烟，严重威胁着被困人员和救援人员的生命安全。

三、人员密度大、火灾载荷大

由于我国是人口大国，人口密度大，交通拥挤，发展公共交通工具是缓解交通拥挤的经济有效的办法之一。我国还是发展中国家，社会公共资源还远远不能满足群众生活需求。因此，大巴、公交车等公共交通工具往往乘客较多，特别是上下班高峰期以及在城市繁华地区，人员密度相当大，一些车辆的载客密度能达到每平方米6~8人。同时，乘客多会携带背包、书包、行李等可燃物上车，在有限狭小的空间内可燃物聚集，火灾载荷也大大增加。

四、逃生困难

公共场所一旦发生火灾，易造成人员恐慌，出于自救逃生心理，人们会立马寻找逃生通道逃生。然而，车厢封闭性较好，空间狭小，上下车门狭窄，人员拥挤，在逃生过程中，易发生拥堵、踩踏事故。发生火灾时，还会由于人员过于拥挤堵塞车门或车辆故障等原因造成车门无法开启，使逃生路线更加不畅通，在紧急情况下只能通过车窗逃生。然而，大多数情况大部分车窗都是关闭的，车辆配置的逃生锤多数乘客也不会正确使用，敲击车窗的位置不准确，就会错过最佳逃生时间。

五、缺乏有效的灭火设施

一般大多数公共交通车辆上配备的灭火设施仅有几具灭火器，灭火设施单一。灭火器一般放在驾驶员后背处和车门处，火灾发生时，多数乘客不能第一时间拿到灭火器，灭火器附近的乘客也不一定会使用灭火器，在一定程度上贻误了灭火时机。

六、灭火救援难度大

公共交通车辆发生火灾后，大量乘客被困在车厢内。在多数情况下，被困人员疏散困难、疏散速度慢，而且火势发展迅速。外部救援人员需在第一时间控制火势发展，并援救被困人员，然而，在使用高效的灭火设施对着火车辆灭火时，极有可能会伤害被困人员，甚至会造成车辆爆炸，这些都大大增加了灭火救援难度。

加入本书读者交流群
▶ 入群指南详见本书封二
与书友
沟通交流共同进步

第三章
常见的消防设备及简单的操作

有关消防的设备及消防器材，包含很多东西。在这里我们主要介绍一下人们在日常生活中和一些公共场所常见的消防设备。这些设备有些是消防系统中在公共场所人们能看见的消防器材，有些是建筑防火设施。如用于早期探测火灾并报警的火灾报警探测器、手动报警按钮、火灾声光报警器；用于为人们在火灾中安全疏散、逃生、避难和消防人员灭火救援提供照明和疏散指示的消防应急照明灯具、消防应急标志灯具；在初期火灾发生时，给人们提供一种轻便灵活、操作简单的灭火器……

第一节 正确认识和使用灭火器

灭火器是扑灭初起火灾最有力的武器之一，也是最常见的灭火设备。灭火器具有使用广泛、结构简单、操作方便等特点，是一种轻便的灭火工具。无论是家庭着火，还是商场等公共场所起火，初起火灾一般都是很小的火。这个时候，如果处在此处的人身边有一具灭火器，而且会正确使用灭火器，就可能将小火及时地扑灭，把一场即将发生的火灾扼杀在“摇篮”中。

那么，灭火器有哪些种类？它们的构造是怎样的？灭火的原理是什么？如何正确使用它？这些问题在下面会一一介绍。

一、灭火器的分类

灭火器有多种分类方式。通常，人们从它的外形上分为推车式灭火器和手提式灭火器。近些年市场上也出现了一些家庭用的简易式灭火器和投掷型灭火瓶、灭火弹等，如图3–1至图3–4所示。

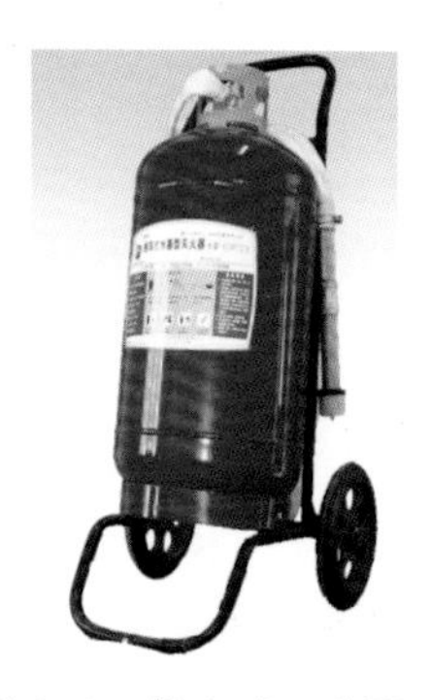

图3–1 推车式灭火器

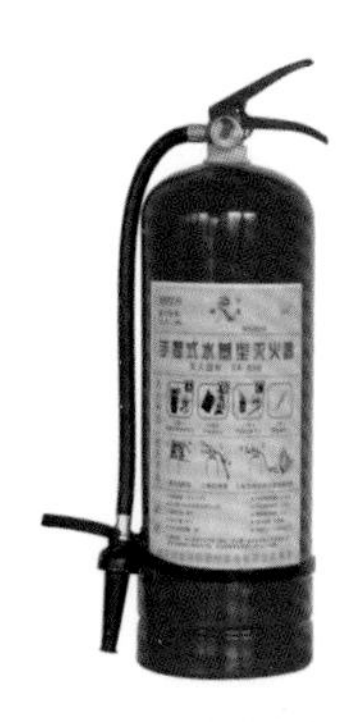

图3–2 手提式灭火器

图3–3 简易式灭火器

图 3-4　投掷型灭火瓶

灭火器按所充装的灭火剂分类如表 3-1 所示。

表 3-1　常见灭火器按灭火剂分类

- 灭火器
  - 干粉灭火器
    - 普通干粉灭火器
    - 超细干粉灭火器
  - 二氧化碳灭火器
  - 水基型灭火器
    - 清水灭火器
    - 水基型泡沫灭火器
    - 水基型水雾灭火器
  - 洁净气体灭火器

灭火器分类还可以按驱动灭火剂的动力来源分类，如储气瓶式灭火器、储压式灭火器、化学反应式灭火器。如果按照灭火类型还可分为：A 类灭火器、B 类灭火器、C 类灭火器、D 类灭火器四种。通常人们多习惯按灭火剂分类。

二、灭火器的基本构造

不同类型的灭火器不仅灭火机制不一样，其构造也根据其灭火机制与使用功能需要而有所不同，如手提式灭火器与推车式灭火器、储气瓶式灭火器与贮压式灭火器的结构有明显差别。日常生活中，普通居民在家庭住宅和公共场所很少能见到推车式灭火器。储气瓶式灭火器因构造复杂、零部件多、维修工艺繁杂而被淘汰。所以，我们主要介绍一下贮压式手提灭火器的结构。

目前,手提式灭火器大都是贮压式灭火器,如干粉灭火器、二氧化碳灭火器、水基型灭火器、洁净气体灭火器。所不同的是,干粉灭火器和水基型灭火器使用氮气做驱动气体,而二氧化碳灭火器和洁净气体灭火器是用自身的灭火剂直接加压充装在容器中。它们从结构上没有太大区别,具体结构见图 3-5。

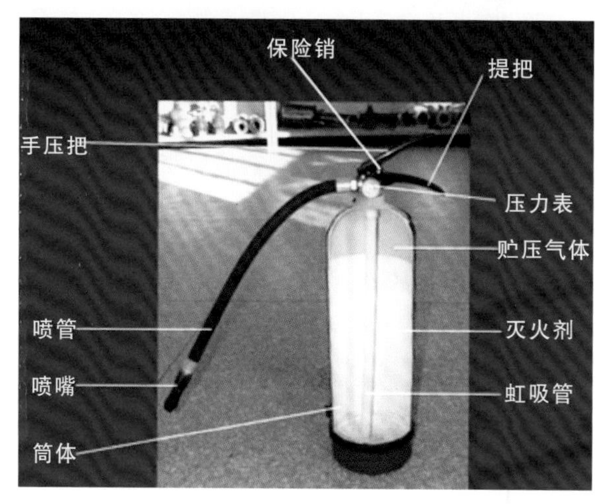

图 3-5 贮压式手提灭火器剖示结构图

贮压式手提灭火器主要是由筒体、瓶头阀、压力表、手压把及提把、保险销及铅封、喷射软管及喷嘴、虹吸管、灭火剂、驱动贮压气体(一般为氮气,与灭火剂一起充装在灭火器筒体内,其额定压力一般在 1.2~1.5MPa 之间)、荧光圈、名牌等组成。

二氧化碳灭火器的结构略有些区别,它的筒体内充装的全是二氧化碳,二氧化碳既是灭火剂又是驱动气体。由于充装的二氧化碳是液态的,压力较大,一般在 5.0MPa 左右,比前面介绍的贮压压力 1.2~1.5MPa 高出 2~3 倍。所以取消了压力表,增加了一个安全阀。另外,喷嘴也有些区别,是喇叭口式的,也有鸭嘴式的。除此之外,其他的结构基本一样。图 3-6 至图 3-8 给出了一些灭火器部件实物图,图 3-9 给出了几种灭火器箱实物图。

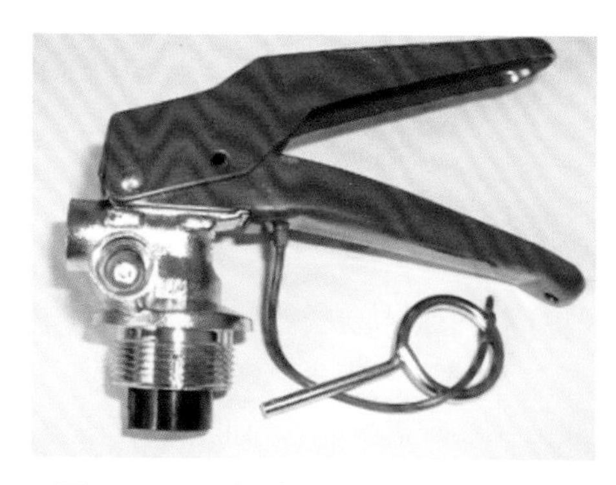

图 3-6 手压把、提把、保险销、瓶头阀图

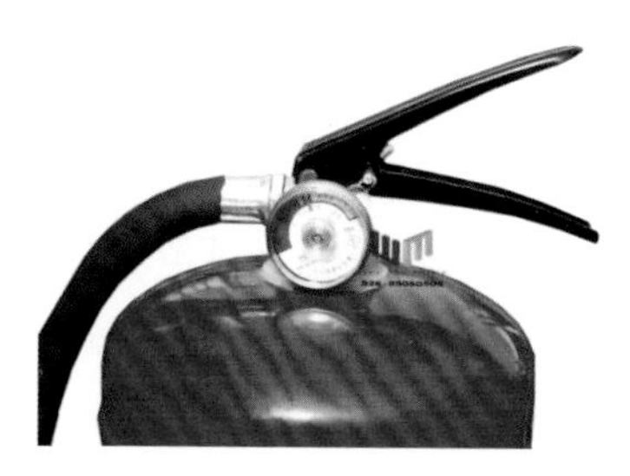

图 3-7 压力表、手压把、提把、喷管

图 3–8　手提式灭火器筒体

图 3–9　各种灭火器箱

三、不同灭火器的灭火原理和适用对象

由于灭火器充装的药剂不同，扑灭的火灾种类也有所不同。火灾分为A、B、C、D、E、F六大类，即固体火灾、液体火灾、气体火灾、金属火灾、带电物体火灾和烹饪器皿内烹饪物火灾。不同的灭火器可以扑救不同类型的火灾。现在常见的灭火器主要是干粉灭火器、二氧化碳灭火器、水基型灭火器、清洁气体灭火器。下面我们就介绍几种灭火器的灭火原理和适用对象。

（一）干粉灭火器的灭火原理和适用对象

干粉灭火器内充装的是碳酸氢钠或磷酸铵盐干粉灭火剂。干粉灭火剂是干燥且易于流动的微细粉末，它是由具有灭火效能的无机盐和少量的添加剂经干燥、粉碎、混合而成的微细固体粉末组成。它是一种在消防中得到广泛应用的灭火剂，且主要用于灭火器中。除扑救金属火灾的专用干粉化学灭火剂外，干粉灭火剂一般分为BC干粉灭火剂（碳酸氢钠）和ABC干粉灭火剂（磷酸铵盐）两大类。

干粉灭火器的灭火原理：一是靠干粉中的无机盐的挥发性分解物，与燃烧过程中燃料所产生的自由基或活性基团发生化学抑制和负催化作用，使燃烧的链反应中断而灭火；二是靠干粉的粉末落在可燃物表面上，发生化学反应，并在高温作用下形成一层玻璃状覆盖层，从而隔绝氧，进而窒息灭火。另外，干粉还有部分稀释氧和冷却作用。

BC干粉灭火器适用的主要对象是液体火灾（B类火灾）和气体火灾（C类火灾），所以称之为BC干粉灭火器。

ABC干粉灭火器适用的对象不但包括液体火灾（B类火灾）和气体火灾（C类火灾），还能扑灭固体火灾（A类火灾），所以称之为ABC干粉灭火器。

（二）二氧化碳灭火器的灭火原理和适用对象

二氧化碳灭火器瓶体内贮存的是液态二氧化碳。其灭火原理是，工作时，当压下瓶阀的压把，内部的二氧化碳灭火剂便由虹吸管经过瓶阀到喷筒喷出，使燃烧区氧的浓度迅速下降，当二氧化碳达到足够浓度时，火焰会窒息而熄灭。同时，由于液态二氧化碳会迅速气化，在很短的时间内吸收大量的热量，因此对燃烧物起到一定的冷却作用，也有助于灭火。

二氧化碳灭火器适用对象：扑救易燃液体及气体的初起火灾，也可扑救带电设备的火灾；常应用于实验室、计算机房、变配电所，以及对精密电子仪器、贵重设备或物品维护要求较高的场所。

（三）水基型灭火器的灭火原理和适用对象

水基型灭火器如同它的名字一样，其内部充装的是以水为基础的灭火器。除了水之

外，还充装有表面活性剂、阻燃剂和稳定剂等。用二氧化碳气体或氮气作为驱动源，是一种较为环保的灭火器。通常有清水灭火器、水基型泡沫灭火器和水基型水雾灭火器三种。不同类型的灭火器工作原理和适用对象见表3–2。

表3–2 不同类型的水管灭火器工作原理和适用对象

灭火器类型	灭火原理	适用对象
清水灭火器	主要依靠冷却和窒息作用进行灭火。因为水的汽化热较高，所以利用水的吸热能力，发挥冷却灭火作用。此外，水被汽化后形成的水蒸气为惰性气体。在灭火时，水蒸气稀释燃烧物周围的氧含量，从而达到窒息灭火的目的	清水灭火器主要用于扑救固体物质的火灾（A类火灾），如木材、织物等。但不适于扑救油类、电气、金属、气体等火灾
水基型泡沫灭火器	水基型泡沫灭火器内装有水成膜泡沫液，不但能产生大量泡沫，同时可以在物体表面形成一层水膜。这层水膜能抑制物体（如烃类物质）表面蒸发，从而切断可燃物的供源，在泡沫和水膜的双重作用下，迅速有效地灭火。其是化学泡沫灭火器的更新换代产品	水基型泡沫灭火器能扑救固体火灾和液体火灾，特别是扑救烃类等非水溶性物质的火灾尤为适用
水基型水雾灭火器	水基型水雾灭火器使用时，经雾化喷嘴，喷射出细水雾，漫布火场并蒸发热量，迅速降低火场温度，同时降低燃烧区空气中氧的浓度，防止复燃，从而达到快速灭火的目的	水基型水雾灭火器适用于具有可然固体的场所，如家庭、商场、学校、宾馆、饭店、写字楼、游乐场、造纸厂等

（四）洁净气体灭火器的灭火原理和适用对象

这类灭火器是将洁净气体（如IG541、七氟丙烷、三氟甲烷等）灭火剂直接加压充装在容器中。使用时，灭火剂从灭火器中排出形成气雾状射流射向燃烧物。当灭火剂与火焰接触时发生一系列物理化学反应，使燃烧中断，达到灭火的目的。

洁净气体灭火器适用于扑救可燃液体、可燃气体和可熔化的固体物质以及带电设备的初期火灾。可在图书馆、宾馆、档案馆、商场以及各种公共场所使用。洁净气体灭火器的施放对环境无害。

四、如何正确使用灭火器

灭火器是否能把小火灭掉，与正确选择灭火器，特别是正确使用灭火器，有着直接关系。灭火器种类繁多，在这里我们围绕着百姓日常生活，介绍常见的手提式灭火器的使用方法。

干粉灭火器、二氧化碳灭火器、水基型灭火器和洁净气体灭火器充装介质不同，但其构造基本相同，喷射过程基本相同，所以，其操作步骤也基本相同。具体步骤如下。

第一步：右手拖着压把，左手托着灭火器底部，轻轻取下灭火器（左撇子相反）。

第二步：右手提着灭火器到现场（左撇子相反）。

第三步：除掉铅封。

第四步：拔掉保险销。

第五步：左手握着喷管，右手提着压把（左撇子相反）。

第六步：在距离火焰2~3米的地方，右手用力压下压把，左手拿着喷管左右摆动（左撇子相反），对准火焰根部喷射，并不断推进，直至把火焰扑灭。

使用手提灭火器时的具体操作步骤，见图3–10。

图3–10 手提干粉灭火器操作步骤

注意事项：

1.在室外使用灭火器时，应选择在上风方向喷射。

2.在室内窄小空间使用灭火器时，灭火后，操作者应迅速离开，特别是使用二氧化碳灭火器时，更应迅速撤离，以防窒息。

3.使用二氧化碳灭火器时，不能直接用手抓住喇叭筒外壁或金属连线管，防止手被冻伤。

4.灭火时，当可燃液体呈流淌状燃烧时，使用者将二氧化碳灭火剂的喷流由近而远向火焰喷射。如果可燃液体在容器内燃烧，使用者应将喇叭筒提起，从容器的一侧上部向燃烧的容器中喷射，但不能将二氧化碳射流直接冲击可燃液面，以防止将可燃液体冲出容器而扩大火势，造成灭火困难。

5.建议大家在购买私家车使用的灭火器或是购买家庭用灭火器后，要认真研读使用说明书，一旦遇到意外时，应严格按照操作步骤使用。

图 3-11 手提式灭火器一般使用方法

6.另外,在去一些公共场所,如商场、歌厅、宾馆时,也要留意该场所使用的灭火器。一是要注意放在哪儿了?二是看灭火器的类型?三是看怎么操作?一般场所设置的灭火器旁都有使用说明。

本节要点:一般公共场所配置的灭火器,都适用于该场所类型的火灾。通常大多数公共场所配置的灭火器,大都是干粉灭火器。大家记住图 3-11 就可以了。

第二节 消防应急照明及疏散指示

消防应急照明及疏散指示实际上是一套系统,全称是"消防应急照明及疏散指示系统"。该系统涉及的设备很多,我们不一一介绍。在这里重点介绍大众一般在公共场所能接触到的普通设备,即消防应急照明灯和疏散指示标志。有的疏散指示标志采用外接电源的方式供电,有的采用自发光材料制成。

一、消防应急照明

火灾时,为了避免电路短路,从而造成次生灾害,系统会自动将普通供电系统断电,普通照明将被停用。建筑内的消防用电将被启用,消防用电受到一定时间的耐火保护。消防应急照明就是用消防电源供电的。

应急照明既为人们在火灾中逃生用的照明灯具,同时也为灭火救援提供照明。大家知道,火灾时日常的照明用电将被消防联动系统切断,以免通过电路蔓延火灾。所以,消防应急照明灯具都是专用电路供电或自带蓄电池供电。一旦起火,应急照明将被启动。按规定一般应急照明时间不得少于 30 分钟,医院、养老院、大型公共场所(面积超过 10 万平方米的)、大型地下建筑(面积超过 2 万平方米的)应急照明时间不得少于 1 小时,超高层建筑(高度超过 100 米的)应急照明时间不得少于 1.5 小时。

(一)自带电源型消防应急照明灯具

自带电源型消防应急照明灯具,其内部自带蓄电池。平时用一般电源充电,一旦发生火灾,一般要切断供电,此时,它就会自动切换到蓄电池供电。图 3-12 显示的是,用拔掉电源插头来模拟普通电源被切断,在测试中,此时灯具发光是由蓄电池供电的。

图 3-12 自带电源应急照明灯具

(二)集中电源型消防应急照明灯具

集中供电型消防应急照明系统也称集中电源型消防应急照明系统。它与自带电源型消防应急照明系统的区别在于,工作电源由消防专用电源集中供电。它还可细分为集中电源非集中控制型和集中电源集中控制型两种。它的灯具外形多种多样,有管灯、筒灯、吸顶灯等。可以说不管普通灯具有什么样儿,都可以做成消防应急照明灯具,只是灯具有一定防火要求,供电和管线是消防专用的。图 3-13 至图

图 3-13 吸顶式消防应急照明灯具

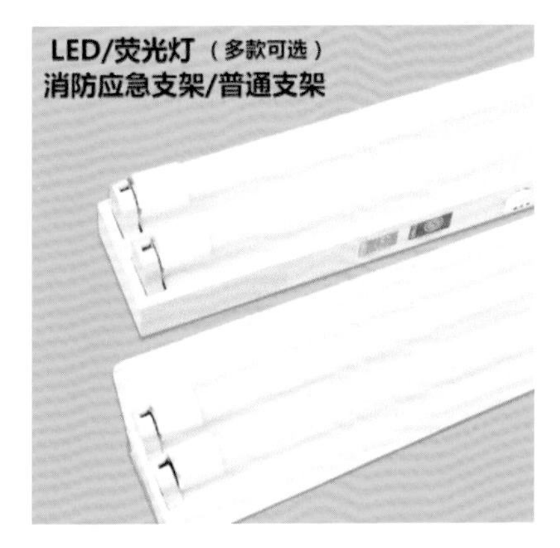

图 3–14　管灯式消防应急照明灯具

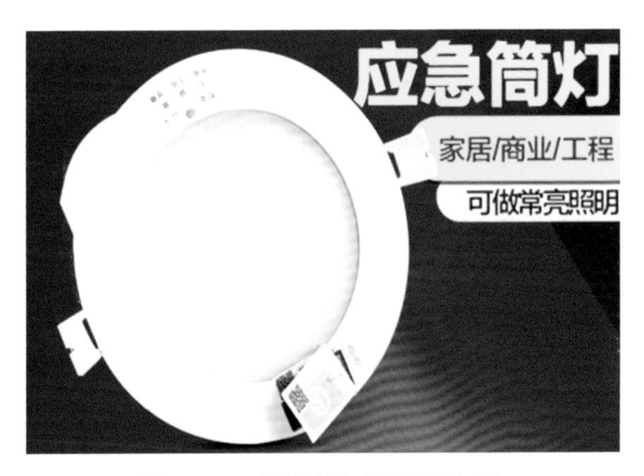

图 3–15　筒式消防应急照明灯具

3–15 显示的是常见的几种集中供电型消防应急照明灯具。

图 3–16 和图 3–17 所显示的是正在测试的集中供电型消防应急照明系统。图 3–16 是在正常的照明状态下，图 3–17 是模拟火灾时切断了正常照明，每组 4 只筒灯中，3 只灯具熄灭，1 只灯具仍在照明。这只灯具就是集中供电型消防应急照明灯具，此时它的供电已由原来的普通照明电源切换到系统中集中应急电源供电。

图 3–16　正常照明

图 3–17　消防应急照明

二、疏散指示标志

消防疏散指示标志是用于指示逃生出口、逃生路线、消防设施位置等信息的。它分为两大类。一类是灯具类的，在黑暗中用灯光提供疏散路线和逃生出口。另一类是标牌贴纸类的，有的用荧光粉提示。图 3-18 为地面上的疏散指示标志；图 3-19 是几种常见的墙壁上的疏散指示标志式样。

图 3-18　沿着箭头指引的方向疏散、逃生

图 3-19　各种安全出口标志

第三节　消火栓

消火栓是一套系统，是扑救、控制建筑物初期火灾最为有效的灭火设施，是应用最为广泛、用量最大的水灭火系统。它是以消火栓为给水点、以水为灭火剂的消防给水系统。

一、消火栓系统组成和作用

消火栓给水系统是由消火栓、给水管道、供水设备等组成。按设置区域不同，分为城市消火栓给水系统和建筑物消火栓给水系统。按设置位置不同，分为室内消火栓给水系统和室外消火栓给水系统两种。室内消火栓系统供水设备包括消防水池、高位水箱、消防水泵、稳压设备（包括气压罐和稳压泵）、水泵接合器等。设备的电气控制包括水池或水箱的水位监制、消防水泵的启动以及稳压泵的启和停。下面给出了在公共场所常见的几种消火栓和水泵接合器实物图，见图 3–20 至图 3–22。

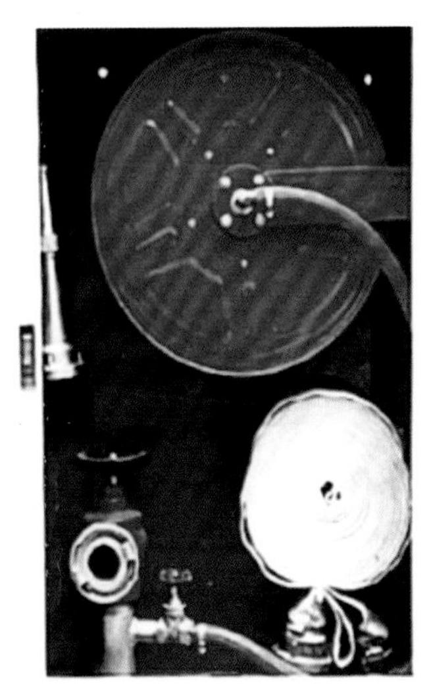

图 3–20　室内消火栓

图 3–21　室外消火栓

图 3-22　水泵接合器

室外消火栓系统的作用是通过室外消火栓给水系统，为消防车等设备提供用水，或通过水泵接合器为建筑内消防给水设备(如室内消火栓给水系统、自动喷水灭火系统)提供消防用水。

室内消火栓系统的作用是通过室内消火栓给水系统，为消防队员或火灾现场人员等扑救建筑内火灾而提供灭火用水和水带、水枪、水喉等用水灭火设备。

二、室内消火栓系统工作原理

大家知道，消火栓管道内平时要有带一定压力的水。要保持一定水压，既不能太高也不能太低，太高了管道承受不住，太低了出水压力不够。所以，系统采用一套稳压装置，即一个气压罐和两个加压泵(也叫稳压泵)，稳定管道内的水压。平时当管网渗漏或有其他原因引起泄压，加压泵自动启动，给气压罐加压注水。达到设定的水压后，加压泵自动停止。

当火灾现场需要使用消火栓时，按下消火栓箱内设置的消火栓按钮。此时控制中心接到消火栓按钮的请求信号后，自动启动消防水泵(消防水泵也可以在泵房启动，或在火灾控制中心直接启动，有的消火栓按钮也能直接启动消防水泵)。由于消防水泵的启动及供水需要一定的时间，所以，起初消火栓喷出的水来自屋顶的高位水箱，水箱内的水一般可以供消火栓使用 10 分钟。消防水泵在水箱的水还没有用完之前，把地下消防水池的水打压到消火栓处。此后，系统一直由水箱经消防水泵加压供水，直到灭火后，由泵房或控制中心手动停泵。

水箱或水池的水用完了怎么办？系统设置了水泵接合器来解决这个问题。从建筑外部，把道路边的室外消火栓的水，通过消防车上的加压泵，将水从水泵接合器处注入消防水管网，补充建筑内供水不足的问题。所以，水泵接合器都是在建筑外设置的。

三、消火栓使用方法

采用消火栓灭火是最常用的灭火方式。那么怎么使用消火栓呢？

消火栓正确的使用方法是：①打开或击碎消火栓箱门，取出消防水带；②按下消火栓按钮，展开消防水带；③水带一头接在消火栓接口上；④另一头接在水枪接口上；⑤打开消火栓上的水阀开关；⑥对准火燃根部，进行灭火。有条件的话，最好两个人配合操作，一人握紧水枪，对准火燃根部，另一人打开水阀。

值得提醒的是：水带不要缠住；水压大，一定要握紧水带。消火栓箱不要遮挡，影响应急使用。

图 3-23 给出了室内消火栓简单操作示意图，一般在消火栓箱上有提示。

图 3-23　室内消火栓操作步骤示意图

第四节 火灾报警设备

火灾报警设备是火灾报警系统的组件。火灾自动报警系统是人们为了早期发现火灾，报警提示，并及时采取有效措施控制和自动启动灭火设备，而设置在建筑物内的一种自动消防设施，是人们同火灾做斗争的有力工具。

一、火灾报警系统组成

火灾报警系统是由各个设备组合而成的。可分为两大类：①只作为探测火灾并实现报警功能的单一的报警系统；②不但有报警功能，还可将报警信号自动向各类消防设备发出指令，如启动消防泵、关闭防火卷帘、启动排烟风机等，可称为“火灾报警及联动系统”，也可称为“火灾报警控制系统”。图 3–24 给出了火灾报警系统图。

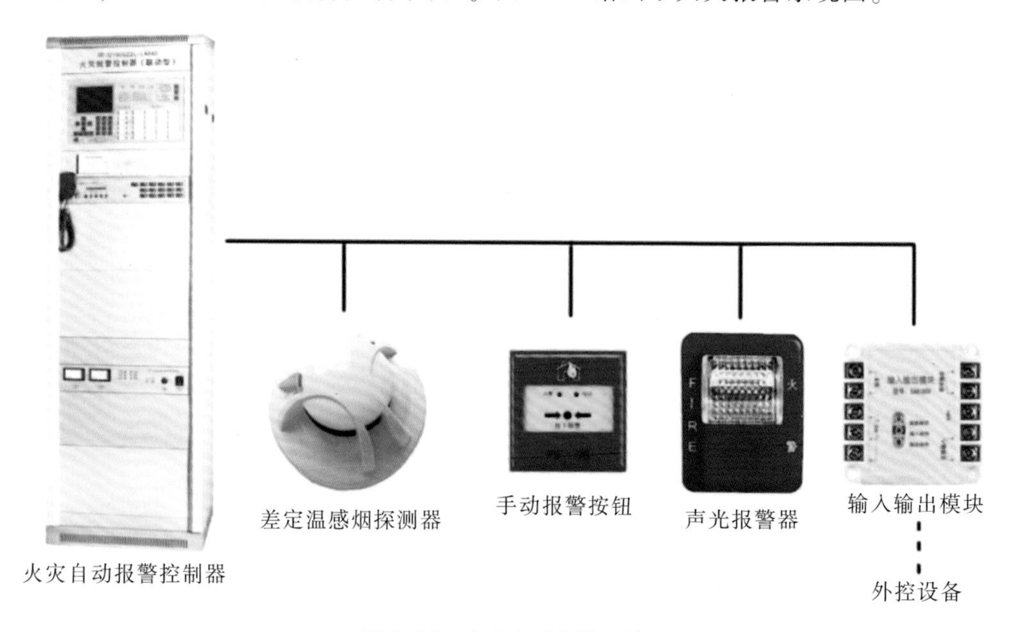

图 3–24 火灾自动报警系统

火灾自动报警系统的主要设备包括：火灾探测器（如感烟探测器、感温探测器）、手动报警按钮、火灾警报装置（如火灾声光警报器）、火灾报警控制器等。

火灾自动报警及联动系统的主要设备包括：火灾探测器（如感烟探测器、感温探测器）、手动报警按钮，火灾警报装置（如火灾声光警报器）、火灾报警控制器、火灾显示盘、消防应急广播、消防电话、被联动的排烟风机、防火卷帘门，以及消防泵、排烟阀、报警阀、电梯等联动模块。

火灾探测器有感烟式的，也有感温式的。火灾报警控制器有联动式的，有集中式的，还有区域式的。火灾警报装置有声光式的，还有警铃式的。另外，还有一种可以实现独立探测、独立报警，不需和火灾报警控制器连接的独立式感烟探测器。该探测器适用于家庭、小型门面房、网吧等小型场所。独立式感烟探测器具有安装简单方便、独立报警等特点。独立式烟感探测器一般通过 9V 叠层电池或者 AC220V 直接供电。图 3-25 至图 3-29 是一些火灾报警设备的实物照片。

值得提醒的是：在火灾探测器的使用中，一定要注意不能遮挡，不能碰坏、碰掉。无火警的时候不要碰碎手动报警按钮上的玻璃，保持干燥，不要把液体撒到上边，以免里面的线路短路而影响使用。

二、火灾报警设备功能

火灾探测器是通过探测火灾初期发出的温度、烟雾、光亮、气体等物质，将这些信息转化成电信号，发送给火灾报警控制器，起到探测火源的功能。

图 3-25　感烟探测器

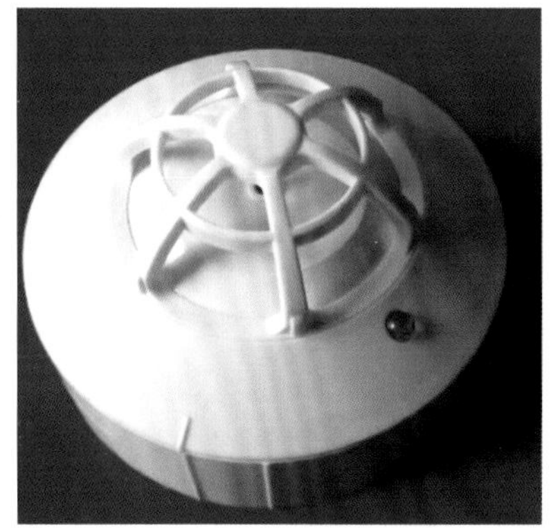

图 3-26　感温探测器

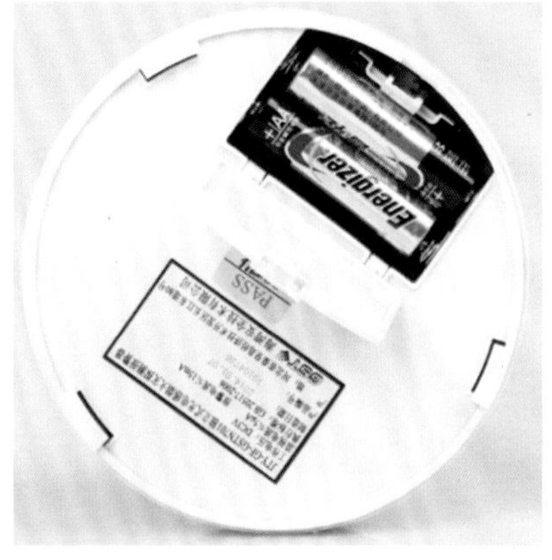

图 3-27　独立式感烟探测器

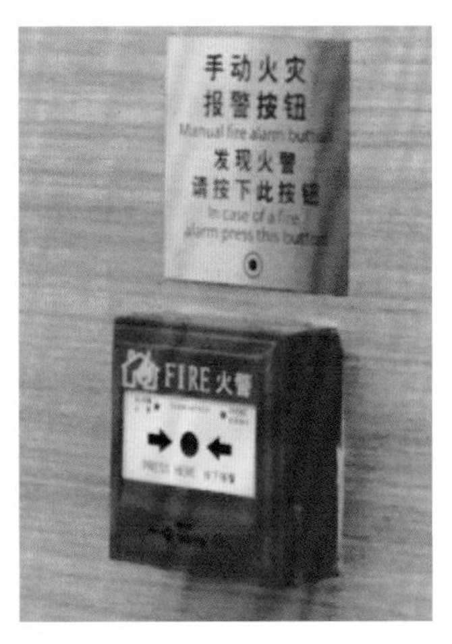

图 3-28　手动火灾报警按钮

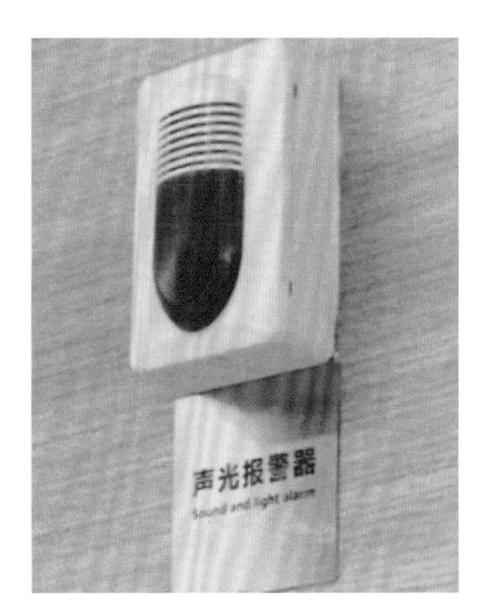

图 3-29　火灾声光报警器

手动火灾报警按钮是火灾探测器没有探测到火灾，或在探测到火灾之前，人为地发现火灾后，人们借助它向火灾报警控制器发出报警信号的一种装置。

警报装置是火灾报警控制器接到了报警信号后，用以发出区别于环境声、光的火灾警报信号的装置。图 3-30 给出的是声光报警器报警时的状态图，红光是闪亮的，同时还伴有警报声响。

图 3-30　声光报警器报警状态图

火灾报警控制器是系统的大脑，既给那些设备供电，又接收信号发布指令，同时对各设备之间的逻辑关系进行管理的一台设备。它还具备排查各设备发生的故障，记录、显示、打印日常信息等功能。还可以不间断地、自动地巡查每个探测设备覆盖的区域。

火灾显示盘是各楼层或重要部位辅助的报警显示设备，既能显示该区域的报警点，也能发出蜂鸣警报声。

消防电话是建筑内重要部位设置的能直接和消防控制室联系的直通电话，不受普通电话网线的影响。

消防应急广播是消防报警及联动控制柜接到报警信号后，通过广播柜的喇叭向报警区域及邻近区域发出疏散广播的设备。

三、常见报警设备的操作

许多报警设备的操作都要求有一定的专业技术。例如，火灾报警控制器，便是属于需要专业技术操作的。普通大众在公共场所能见到并在必要时可以去操作的报警设备只有两种，一是手动报警按钮，二是消防电话。

手动报警按钮一般都安装在公共场所明显并便于操作的墙上，一般距地面 1.3~1.5 米，且有明显的标志。在建筑内任何一个位置，不出 30 米就会找到一个手动报警按钮。列车上一般设置在每节车厢的出入口或中间部位，也会设置在厕所内。它的操作很简单，将窗口使劲按下或按碎，即可将报警信号发出。要想确认信号是否已发送到主机上，注意观察旁边的小红灯（二极管）是否亮起，亮了说明信号已发送成功。如图 3–31 左边的设备所示。

消防电话是用来与消防控制室直接联系的通讯设备，一般分为插孔式消防电话和壁挂式消防电话，大都设置在建筑的重要部位，如消防泵房、防排烟机房、高位水箱间等位置。也有设置在楼道岛台内或楼道的重要位置上。所以，公众到公共场所很少能见到消防电话。即使在公共部位设置消防电话，大都选择插孔式消防电话，墙壁上只安装了电话插孔（如图 3–31 右边的设备），用插孔式消防电话（如图 3–32）可以直接插入，即可与消防控制室通话。在设备房里大多用的是壁挂式消防电话，其操作很简单，只需拿起电话就能接通呼叫消防控制室，消防控制室拿起话筒后，即可通话（如图 3–33）。

图 3–31　手动报警按钮启动

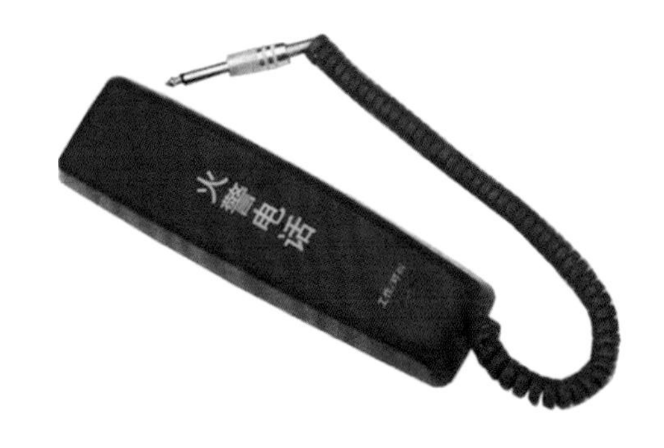

图 3–32　插孔式消防电话

图 3–33　壁挂式消防电话测试

第五节 水喷淋灭火设备

水喷淋灭火设备是组成水喷淋灭火系统的各个部件,也叫系统组件。水喷淋灭火系统是“俗称”,严格地称为“自动喷水灭火系统”。还有两种关于“水”的灭火系统,一种是“水喷雾灭火系统”,另一种是“细水雾灭火系统”。这两种系统在公共场所不常见到,其原理与自动喷水灭火系统类似。所以,我们只介绍自动喷水灭火系统。

一、系统组件

自动喷水灭火系统是由消防水池、消防水泵、消防水箱、稳压装置、水泵接合器等供水设施,以及洒水喷头、报警阀组、水流报警装置和管道阀门组成。系统由于组件的种类不同可细分为湿式自动喷水灭火系统、干式自动喷水灭火系统、预作用自动喷水灭火系统、自动喷水-泡沫联用系统、雨淋系统和水幕系统等。例如,采用闭式喷头、湿式报警阀组的就称为湿式自动喷水灭火系统;采用闭式喷头、干式报警阀组的就称为干式自动喷水灭火系统;采用闭式喷头、雨淋阀组的就称为预作用自动喷水灭火系统;采用开式喷头、雨淋阀组的就称为雨淋系统等。图 3-34 是几种组件实物照片。

水流指示器 ZSJZ

图 3-34 水喷头、报警阀组、水流指示器

二、主要部件功能及系统工作原理

(一)洒水喷头

无论是自动喷水灭火系统,还是水喷雾灭火系统,又或是细水雾灭火系统,都有一个重要部件——洒水喷头,或叫喷头、水喷头。这一部件也是我们在公共场所经常见到的,其他部件大都在特定部位安装,人们一般很少见到。

洒水喷头按结构分为闭式喷头和开式喷头两种;按安装方式分为下垂型喷头、直立型喷头、直立式边墙型喷头、水平式边墙型喷头和吊顶隐蔽型喷头五种;按热敏元件分为玻璃球喷头和易熔元件喷头两种,常见的以玻璃球喷头居多。

洒水喷头的主要功能有两个:一是起探测火灾的作用;二是将水经溅水盘均匀分布在保护区范围内。在发生火情时,周围环境温度便会升高,当温度升至使感温元件(即玻璃球)内的液体受热膨胀并破碎时,阀片就失去支持力而被管道系统内的水顶开,然后沿着溅水盘喷洒下来。

玻璃球内一般充有易挥发的液体。而充液的颜色又可区分喷头的动作温度。常用的喷头动作温度及其充液颜色为:喷头动作温度68℃时,为红色球;动作温度93℃时,为绿色球;动作温度141℃时,为蓝色球等,见图3–35。

动作温度(℃)	颜色
57	橙
68	红
79	黄
93	绿
100	灰
121	天蓝
141	蓝
163	淡紫
182	紫红

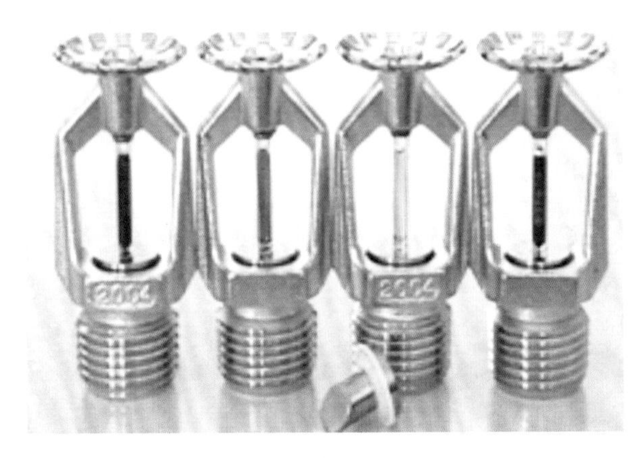

图3–35 不同工作温度的喷头对照表及实物

在使用中不要遮挡喷头,避免影响灭火效果。特别是在商场租赁摊位做二次装修时,一定不要破坏原有的喷淋头,更不要将原有的房屋结构破坏。一旦破坏原有的房屋结构,特别是原有的分割面积,就会影响喷淋头的灭火功能。若需要变动结构时,要向当地公安机关消防机构申报。

(二)报警阀组

报警阀组分为湿式、干式、雨淋、预作用四种。

湿式报警阀组是由湿式报警阀、水力警铃、压力开关、空压机、安全阀、控制阀、压力表及连接管路等组成。它在湿式自动喷水灭火系统中担负着报警功能、识别系统压力波动功能、单向流动功能、自动接通和切断水源功能、排水功能等。

干式报警阀组是由干式报警阀、延迟器、水力警铃、压力开关、压力表及连接管路等组成。它在干式自动喷水灭火系统中担负的功能与湿式报警阀组基本一样,所不同的是识别系统压力波动功能不只是用水压,还使用气压。

雨淋阀组主要由水源控制阀(蝶阀)、雨淋阀、手动应急装置、自动滴水阀、排水球阀、供水侧压力表、控制腔压力表等组成。雨淋阀和湿式报警阀的区别在于雨淋阀系统一侧即阀的出口端,一般为空管或充以静压水柱,湿式报警阀系统一侧的管网内充满压力水。

预作用报警阀是由雨淋阀和湿式报警阀上下串联而成,故同时兼备湿式阀与雨淋阀的功能,雨淋阀在供水一侧,湿式报警阀在系统一侧,两阀叠加组成预作用阀。预作用报警阀组是由预作用阀、水力警铃、压力开关、空压机、空气维护装置、信号蝶阀等组成,安装闭式洒水喷头,并以常用的探测系统作为报警和启动的装置。它的主要功能是,防止误喷造成水渍损失,火灾发生时,开启迅速,水力警铃机械报警、压力开关给出启泵信号,避免管道水冻。

(三)水流指示器

水流指示器是在系统中将水流信号转换成电信号的一种装置。当某处失火,系统开启,喷头喷水,管道中水流动,冲击水流指示器中的叶片向水流方向偏移倾斜,动作杆挤压超小型电气开关,延时电路接通,到达延时设定时间后叶片仍不回位,电触点闭合,给出电信号。

(四)系统工作原理

发生火灾时,火焰或高温气流使闭式喷头的热敏感应元件动作。喷头开启,喷水灭火。此时,管网中的水由静止变为流动,使水流指示器动作送出电信号,在报警控制器上指示某一区域已在喷水。由于喷头开启持续喷水泄压造成湿式报警阀上部水压低于下部水压,在压力差的作用下,原来处于关闭状态的湿式报警阀就会自动开启,压力水通过报警阀流向灭火管道,同时打开通向水力警铃的管道,水流冲击水力警铃发出声响报警信号。控制中心根据水流指示器或压力开关的报警信号,自动启动消防水泵向系统加压供水,达到持续自动喷水灭火的目的。如图 3-36 所示。

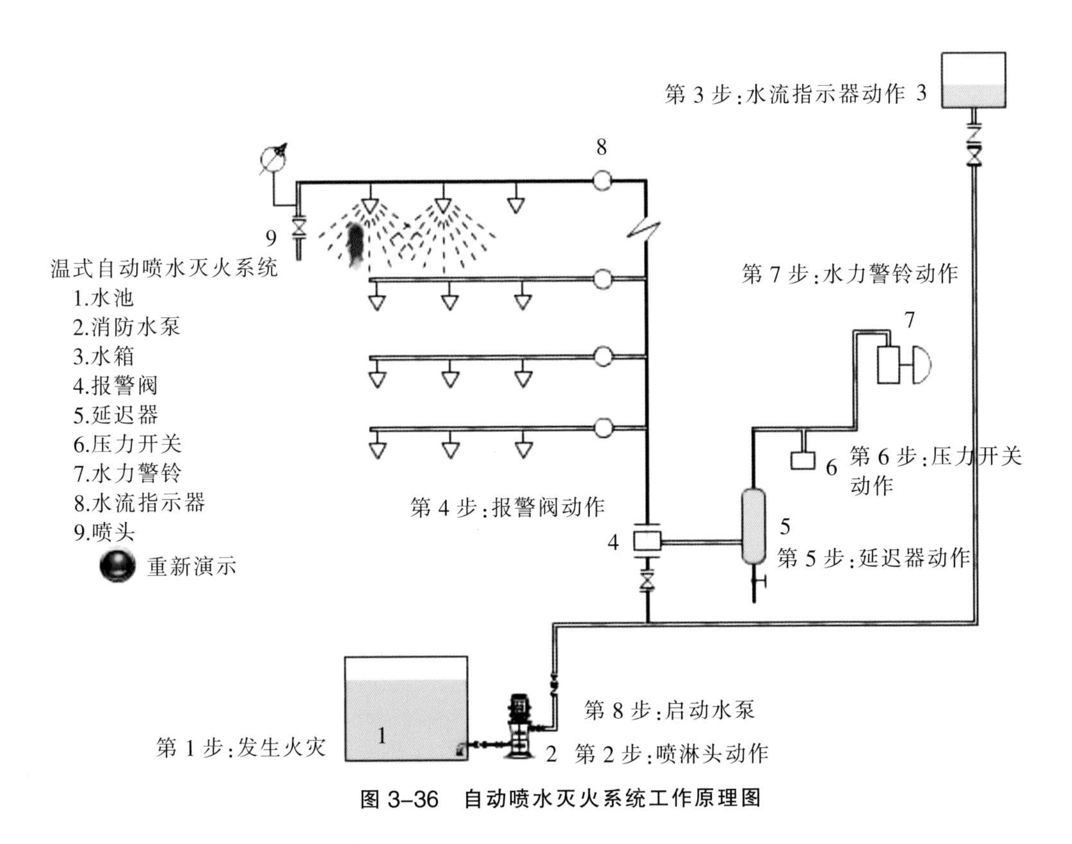

图 3-36　自动喷水灭火系统工作原理图

第六节　防火卷帘、防火门

防火卷帘和防火门的作用是为了阻止火灾蔓延。人们根据以往的经验教训制订了许多规范,按照规范要求,建筑物内的空间要进行防火分区。每个防火分区都是用具有一定耐火极限的建筑构件围成的,目的就是一个区域起火时，其他区域可以隔离,以阻止火灾蔓延。但是,为了通行、通风、采光等需求,不得不在耐火墙体上和管道井里安装具有相应耐火极限的门或窗。这样就演绎出了防火卷帘、防火门、防火窗等。所以,防火卷帘、防火门、防火窗等除具有普通门窗的作用外,还具有防火、隔烟、

图 3-37　阻断火源的防火卷帘

抑制火灾蔓延、保护人员疏散的特殊功能，是现代建筑中不可缺少的防火设施。下面我们只介绍经常使用的防火卷帘和防火门，如图 3–37 所示。

一、防火卷帘

防火卷帘与普通卷帘的区别在于要求包括框架在内的整个卷帘都能耐火。它采用的材质都具有耐火性，通常采用石棉、钢板或钢板加隔热材料，一般耐火极限从 1.5 小时到 4 小时不等，如图 3–38 和图 3–39 所示。

防火卷帘一般是由帘板、卷轴、电动机、导轨、支架、防护罩、启/停按钮、控制器、手链等组成，如图 3–40、图 3–41 和图 3–42 所示。

防火卷帘因安装的位置不同可设计成两种降落方式：

一种是在防火分区的实体墙上安装防火卷帘，只作阻火作用。这种情况就要求该防火卷帘具有与实体墙一样的作用，即在遇到火灾时它就要迅速落下，我们称它为一次降

图 3–38　石棉材料双层结构的防火卷帘

图 3–39　钢板加隔热材料结构的防火卷帘

图 3–40　电动机控制器手链

图 3–41　帘板卷轴导轨支架

图 3–42　启/停按钮

落。

另一种情况是安装在通道口等位置。这种情况要求防火卷帘既要起到阻断火灾的作用，也要让人们逃生出去。设计的降落方式是二次降落，即当启动防火卷帘后，先将卷帘下降到 1.8 米处，待逃生一段时间后，再降落至地面。这种两次降落的控制，大多都是通过感烟探测器和感温探测器探测到信号报警给主机后实现的。当烟感报警时，报警主机接到报警信号后，给卷帘门第一次降落指令。当温感报警时(68℃报警，也就是防火卷帘门旁有明火了)，报警主机接到信号后，给第二次降落指令，防止火灾进一步蔓延。

人们在公共场所遇到火灾时，防火卷帘一般是自动启动，如果没有启动，你可以操作卷帘门旁的启动按钮。

在日常生活中，要爱护消防设备，不要在非火警的情况下去按防火卷帘门启动按钮。防火卷帘下方不要堆放物品，防止火灾时防火卷帘不能落到地面，使得烟气和火焰蔓延，影响人们逃生，如图 3–43 所示。

二、防火门

防火门是指在一定时间内能满足耐火稳定性、完整性和隔热性要求的门。它是设在防火分区之间、疏散楼梯间、垂直竖井等具有一定耐火性的防火分隔物。

防火门除具有普通门的作用外，还具有阻止火势蔓延和烟气扩散的作用，

图 3–43　防火卷帘下禁放物品

可在一定时间内阻止火势的蔓延，确保人员疏散。

防火门一般分为木质防火门和钢质防火门两大类（见图3–44和图3–45），其耐火等级分为甲、乙、丙三级，对应的耐火时间分别为1.5小时、1.0小时和0.5小时。火灾发生时，防火门应关闭，逃生后应随手关闭防火门，以阻止火灾和烟气蔓延。

防火门由耐火门框、防火门板、耐火锁、耐火合页、耐火闭门器及防火密封条组成。

值得提醒的是：防火门在火灾使用时应该是闭合的，不要有遮挡物阻碍防火门的闭合和通行，如图3–46所示。

图3–44　木质防火门

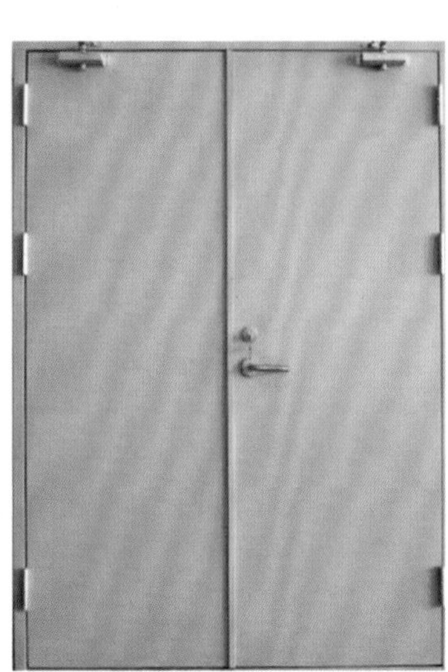

图3–45　钢质防火门

图3–46　阻挡防火门

第七节　防烟设备、排烟设备

在高层建筑、人员密集场所，一旦发生火灾，烟气对人们的危害十分严重。所以，国家规范规定，这些场所必须设置防止烟气和烟雾的设施。这些设施将火灾产生的大量烟气及时排除，防止和延缓烟气扩散，保证疏散通道不受烟气侵害，确保建筑物内人员顺利逃生。同时，为火灾扑救创造有利条件。控制烟气的设施分为两大类：防烟设备和排烟设备，人们常称为“防排烟系统”。

一、防烟设备

防烟设备主要包括送风口、送风管道、送风机等。由这些设备组成了一个系统，称之为“机械加压送风系统”或“正压送风系统”。

机械加压送风系统是利用加压风机产生的带压力的气流，对着火区域以外的区域进行送风加压，使这些区域有一定的正压，利用这个正压来阻止着火区域的烟气不能流窜到该区域，确保该区域无烟气侵害，或延缓这种侵害。

加压送风系统使建筑内不同区域的压力有所不同。确保最安全的区域给出的压力最大，安全次之的区域给出的压力次之。或者是一些区域有正压送风，其他区域不给正压送风。一般情况下，用于疏散的防烟楼梯间和为避难用的避难层是必须要给加压送风的。另外，防烟楼梯间的前室、消防电梯间前室、合用前室也是需要加压送风的。这样，当火灾发生时，人们可以迅速逃到前室、疏散楼梯间或避难层，这些地方相对安全。

图 3–47　正压送风口

图 3–47 是正压送风口的实物照片。送风口处不应有遮挡物，一旦起火送风，会阻挡风顺利吹出。

二、排烟设备

排烟设备主要包括排烟口、排烟管道、排烟风机、排烟防火阀以及挡烟垂壁等。这些设备组成了机械排烟系统。

机械排烟系统是利用排烟风机产生的负压气流(也就是向室外抽风)，对着火区域进行排烟，使这些区域烟气沿着排烟管道向建筑外排烟，确保该区域无烟气侵害，或延缓这种侵害。一般排风口会安装在走道、房间、大厅等区域内(见图 3–48)。

图 3–48　排烟口排烟

排烟防火阀是安装在排烟管道上的。平时，其呈关闭状态，以分割防火分区。火灾时，其由电信号或手动开启，为排烟打开通道。当排烟管道内烟气温度达到 280℃时，意味着火势增大，排烟防火阀自动关闭，以免助长火势增长。还有一种叫防火阀的设备，一般安装在空调管道、通风管道上。平时处于开启状态，火灾时自动关闭。排烟防火阀(或叫排烟阀)与防火阀的区别在于，排烟阀平时是关闭的，火灾时要开启；而防火阀恰恰相反，平时是开启的，火灾时要关闭。这是因为排烟管道平时不用，要关着；而通风制冷管道平时使用，要开着。火灾时，排烟管道要用，要开启；而通风制冷管道不能使用，要关闭。

值得注意的是：排烟口不要被遮挡，以免火灾时烟气不能快速有效地排除，伤害人们的呼吸道，造成人员伤亡。

挡烟垂壁顾名思义就是挡烟的设备。它是在顶棚上安装不燃烧材料的挡板，包括有钢板的、防火玻璃的、无机纤维织物的、不燃无机复合板的，现在使用较多的是防火玻璃的。如图49所示，就像是个垂壁一样。一般挡板距顶棚为50cm左右。利用烟气向上的原理，在一个防火分区，用挡烟垂壁围成多个更小的区间，我们称这个区间叫“防烟分区”。这样烟气就在这个小区间流动，一来这个小区间若有排烟口，可不等烟气漫延到其他区间就被排除掉；二来延缓该区域的烟气蔓延到其他区域。有利于人们逃生时不被烟气侵害。还有一种挡烟垂壁是伸缩式的。

图3–49　玻璃挡烟垂壁

加入本书读者交流群
▶ 入群指南详见本书封二
与书友
沟通交流共同进步

第四章 火灾的预防

据统计，全国平均每天都会有成百上千起火灾发生，无情的大火不知吞没了多少森林草原，毁坏了多少家园、工厂和学校，夺去了多少人的健康和生命。近年来，尽管全国火灾总量呈逐年下降趋势，但是随着社会经济的发展，越来越多的新材料、新建筑被投入使用，发生火灾的危险性相应增加，群死群伤事件屡有发生。反思一桩桩的火灾事故，除了不可抗拒的因素外，我们不难发现，惨痛灾难的发生往往是由于人们防火意识淡薄所导致的，并且防火技巧的缺乏也使得人们面对未知的火患束手无策。能否避免火灾发生，防患于未然，关键看我们是否树立了防火意识，掌握正确的防火技巧。因此，提高国民防火安全意识，普及防火技巧，才能最大限度避免灾害事故的发生。

第一节　火灾的预防

一个事故、一场灾害的发生是有其多方面原因的，特别是火灾，除了雷电引起的火灾，大多与人们的行为有关。

1941 年，美国分析师海因里希在统计分析了 55 万起机械事故后，得出了一个结论：即在机械生产过程中，每 330 起意外事件，有 300 起未产生人员的伤害，有 29 起造成人员轻伤，有 1 起导致重伤或死亡。这一结论在后来多次得到了人们的验证，逐渐在国际上形成了一个法则，叫事故法则，或叫海因里希法则，或直接叫 300:29:1 法则。这一法则在火灾事故中也同样得到了印证。这就提醒人们，只要减少或延缓那 330 起小火警的发生，就会减少或推迟那 29 起造成轻伤害的一般火灾，从而延迟重大火灾的发生。

众所周知，火灾预防会减少火灾的发生。那么怎么预防呢？预防哪些方面呢？这就需要人们认识火灾隐患，查找火灾隐患，最后尽量消除火灾隐患。

一、火灾隐患的特点

火灾隐患是指可能导致火灾发生或火灾危险增大的各类潜在的不安全因素，以及严重影响灭火救援行动的行为。消防监督部门将火灾隐患分为一般火灾隐患和重大火灾隐患，以便加强管控。

火灾隐患是潜藏的祸患，是一时不可明见的灾祸，它具有隐蔽、藏匿、潜伏的特点。它在一段时期内好似静止不变，往往使一些人意识不到、感觉不出它的存在，随着时间的推移，当客观条件变成熟，隐患则形成灾害。

隐患是事故的先兆，而事故则是隐患存在和发展的必然结果。许多火灾隐患若不能及时发现，及时清除，当集小患而为大患，便会引发恶性火灾事故。隐患的产生具有随机性，多数取决于人的主观意志，一时的大意疏忽、一个不经意的举动都有可能埋下隐患的种子。“隐患险于明火，防范胜于救灾”，正确认识隐患的特征，熟悉和掌握隐患产生的原因，争取做到“早发现，早治理”。

二、常见的火灾隐患

常见的火灾隐患可分为电气线路类、吸烟用火类、物品堆放类、装修装饰类、违章建筑类、消防设施类和消防通道类等(如图 4–1 所示)。

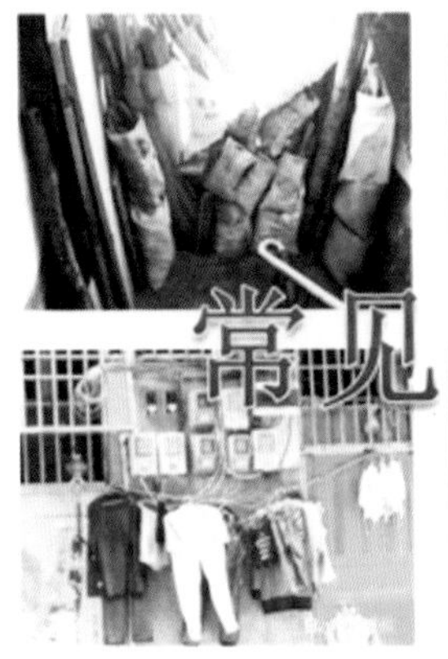

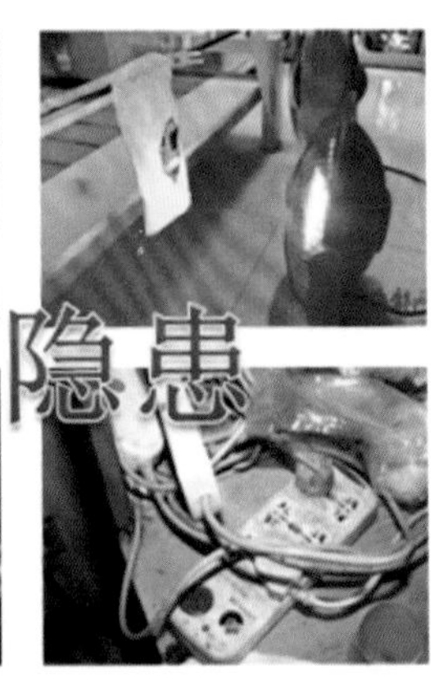

图 4–1　常见的火灾隐患

1.消防安全知识欠缺

绝大多数火灾隐患的滋生，都是由于人们缺乏消防安全常识，防火意识淡薄而导致的。日常生活中将大量可燃物随处堆放；将易燃易爆品存放在家中；火灾发生时，不懂得及时拨打报警电话；不会使用灭火器材；不懂得简单的火场逃生知识；儿童玩火；随手乱扔烟头等。人们熟知的中央电视台大楼就是在施工中燃放烟花着火的(如图 4–2、图 4–3 和图 4–4 所示)。

图 4–2　中央电视台大楼火灾

图 4–3　堆放大量可燃物

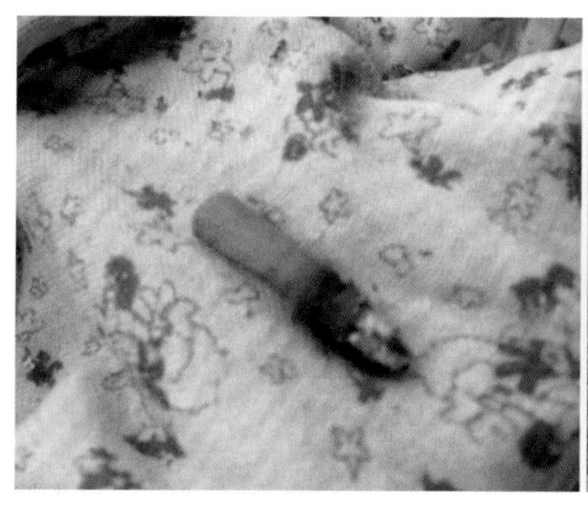

图 4-4　乱扔烟头、玩火

2.装修材料“徒有其表”

图 4-5　用可燃材料进行的内装修

随着生活水平的提高，人们越来越追求装修的豪华漂亮。然而，这些装修材料多是以塑料、树脂、木材、油漆、纤维等易燃可燃制品为主，盲目使用大量的易燃可燃材料，就会在奢华和舒适中埋下重大火灾隐患(如图 4-5 所示)。

3.电气线路隐患丛生

大量的火灾表明，电气线路的火灾隐患是引起火灾的头号罪魁祸首，每年在我国的火灾统计中都占三成左右之多。究其原因有：①使用劣质电器的；②违章使用大功率用电设备，使线路超负荷的；③使用大功率照明灯或电热器具过于靠近窗帘、沙发等可燃物；④私接乱拉电线；⑤电线长期受热、受潮，年久失修，绝缘层老化或破损，失去绝缘能力，致使电线短路等(如图 4-6 至图 4-9 所示)。

图 4-6　劣质电器引发火灾

4.违章建筑先天不足

违反消防规定的建筑，也是容易引起火灾的隐患之一。有些建筑建设标准不符合相关

图 4-7　超负荷使用电气引发火灾

图 4-8　违规使用电热器具引发火灾

图 4-9　私接乱拉电线引发火灾

法律规范要求；有些建筑消防设施存缺陷，存在配置不足或维护保养不当等问题；有些具有传统特色的建筑，如“三合一”建筑、城中村、棚户区等都是火灾隐患潜伏(如图 4-10 所示)。

图 4-10　消防违章建筑

5.安全出口上锁，消防通道堵塞

一方面，近年来私家车数量激增，人们为了图一时方便，将车辆随意停放在消防车道上，导致车道宽度、转弯半径不能满足消防车通行和火灾扑救需要。另一方面，居民楼内疏散通道堆放的可燃杂物和停放的电动自行车一旦着火，会释放大量有毒烟气并迅速扩散，成为被困人员逃生路上的“拦路虎”。此外，许多公共场所为了便于管理，将场所内部分安全出口上锁，致使安全疏散功能丧失。新疆克拉玛依大火就因为大礼堂的大部分安全出口被锁闭，活活烧死 300 多小学生。所以，这些设施完好是人命关天的大事(如图 4-11 至图 4-14 所示)。

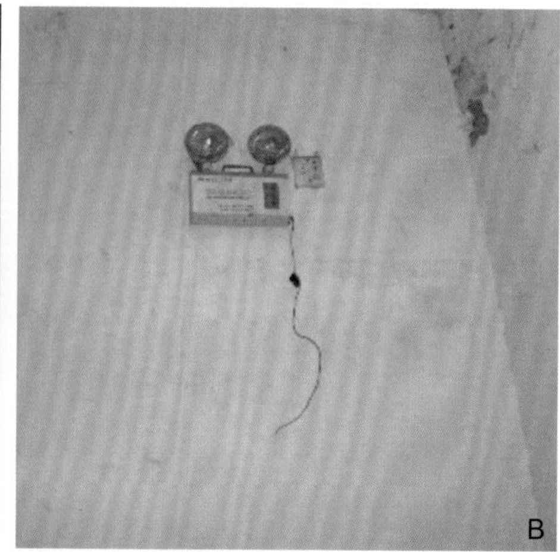

图 4–11　(A)疏散指示灯损坏；(B)应急照明灯损坏

图 4–12　堵塞疏散楼梯

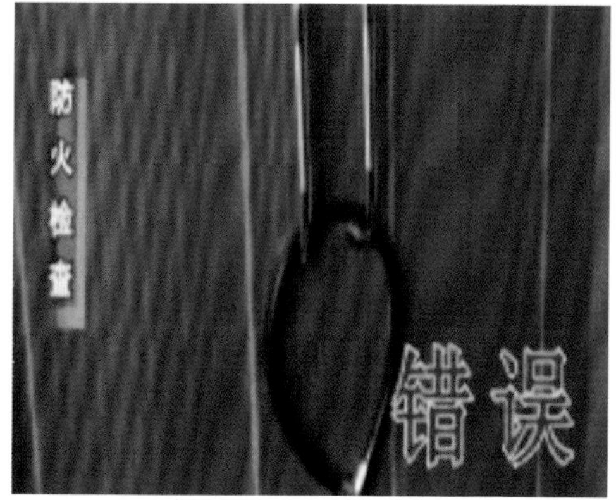

图 4–13　锁闭的安全出口

图 4–14　(A)堵塞消防车通道；(B)遮挡消火栓

三、消除火灾隐患的方法

(一)消除电气线路类火灾隐患。首先,要用合格的电气产品,按照说明书要求正确使用。其次,禁止私拉乱接电线,避免用电负荷过大,及时更换老化的电线。

(二)在公共场所一定要严格遵守吸烟管理规定。不要在禁烟的地方吸烟,当吸完烟后,一定要掐灭烟头,不要乱丢烟头。其次,尽量不要靠在床上吸烟,特别是醉酒时更不能靠在床上或沙发上吸烟。

(三)生活用火要谨慎。正确使用燃气,谨慎燃放烟花爆竹,教育孩子不要玩火,文明祭祀慎用火。

(四)不要占用消防车道,不要将物品堆放在疏散楼梯间等逃生通道处,尤其是防火卷帘下方更不能堆放物品。

(五)选用合格的装饰装修材料,不用易燃材料。

(六)爱护身边的消防设施,一旦发现故障,应及时报相关部门维修。

最后,在人们到公共场所(如商场、超市、宾馆、饭店、KTV、影剧院、体育场、旅游景点)时,要留意其消防设施是否损坏,疏散通道是否畅通,安全门有无锁闭等,一旦发现问题,及时向相关单位反映,有关单位要及时改正。

下面给出一组顺口溜,帮助大家简单记住。

十一要,十一不要

要电器线路齐,不要私拉乱接;
要用电设备优,不要三无产品;
要电器负荷限,不要超载用电;
要慎用电热器,不要近易燃物;
要烟蒂需掐灭,不要乱丢烟头;
要照明指示亮,不要遮挡损坏;
要合格装修品,不要易燃可燃;
要疏散通道畅,不要锁闭堵塞;
要消防器材好,不要失效挪用;
要生活用火慎,不要擅用明火;
要经销住宿分,不要三合一体。

第二节　家庭防火技巧

经济的快速发展和社会的日新月异,使得人们的生活水平不断提升,家庭物质也越来越丰富，家庭消防被推到了极其重要的位置，受到广泛关注。华丽的现代家居、便捷的燃气、多样的智能家电，各类生活用品走进人们的生活，伴随而来的是家庭内的可燃物、易燃物增多，火灾荷载加大，一旦发生火灾危害极大。同时，生活中经常用到的燃气、家用电器、电气线路等，都有可能成为引发火灾的导火索。

一、家庭常见火灾危险

在家庭生活中，生活用火是不可避免的。家庭中常见的火灾隐患有火炉、燃气炉、火柴、打火机、电火花、电线短路等，如果使用不当就会酿成灾难。预防家庭火灾首先要控制好点火源，认清家庭中潜在的火灾风险。常见的家庭火灾危险可分为以下几类。

图 4–15　谨防燃气泄漏

1.燃气类

天然气、液化石油气以便捷、经济的特点已被广大人民群众应用于日常生活中。然而人们对燃气火灾危险性的认识不足，燃气使用不当而引发火灾爆炸事故屡有发生。

天然气和液化石油气属于易燃气体，一旦泄露，遇明火即会发生剧烈化学反应。特别当大量泄漏时，若不能及时驱散，会与空气形成爆炸性混合物，易发生爆炸事故，具有很高的危险性(如图 4–15 所示)。

2.家用电器类

我们的生活已经离不开家用电器，而近年由于电气原因导致的火灾事故一直居高不下，家用电器防火是关键。电器产生的电火花，电气线路短路、漏电，电器及线路过负荷运作发热产生的高温，都有可能成为引火源，引燃周围的可燃物(如图 4–16 所示)。

3.化妆品类

我们使用的化妆品，如香水、指甲油、花露水、睫毛膏等，除了含有一些有效成分外，里面还含有乙醇等助溶剂。这些助溶剂多为有机溶剂，易燃并且具有挥发性，遇明火会发

图 4–16　消除家电火灾隐患

图 4–17　花露水遇火可燃

生燃烧，具有一定危险性（如图 4–17 所示）。

4.杀虫剂、空气清新剂

杀虫剂和空气清新剂是家庭常备的日常用品，但其危险性也是不容忽视。这主要是由于杀虫剂和空气清新剂为气雾剂类产品，带压罐装包装，部分气雾剂产品中的抛射剂（也叫推进剂）主要成分为可燃性的低级烷烃（丙烷、丁烷等）和二甲醚等醚类，随着环境温度升高，罐内压力会急剧上升，可能发生爆炸事故。此外，这类产品原液中含有乙醇等易燃成分，遇明火也会发生燃烧（如图 4–18 所示）。

图 4–18 杀虫剂具有火灾危险性

图 4–19 科学应对油锅着火

5.食用油

生活中偶尔会遇到油锅起火的情况，如果处置不当，会导致火势发生蔓延，加上厨房可燃物较多，具有较高危险性（如图 4–19 所示）。

6.吸烟

在大量的火灾事故中，吸烟是一个很重要的致灾原因。躺在沙发或床上吸烟，随手乱丢烟头，打火机使用不当，不及时熄灭烟头等都有可能造成小火酿大灾（如图 4–20 所示）。

图 4–20 烟头虽小，火患无穷

二、安全使用燃气

(一)事故案例

居民家庭中普遍使用燃气做饭,由于燃烧泄漏导致的火灾、爆炸事故屡见不鲜。例如,2016年9月1日,江苏省无锡市新吴区硕放街道墙宅路220号一民宅因煤气泄漏发生爆炸,造成房屋坍塌,现场多人被埋压。据报道,截至当日14时30分,事故共造成5死5伤。

(二)燃气安全使用要点

家用燃气包括天然气和液化石油气。这些气体主要成分为轻质烃类气体、一氧化碳和少量氢气,属于易燃易爆物质,闪点和燃点较低,并且对人体有毒害作用。此外,液化石油气的电阻率高,高速泄漏时易产生静电,静电电压可达数千伏,其放电火花足以引起火灾爆炸。因此,掌握燃气的安全使用方法至关重要。

1.天然气使用安全要点

(1)天然气设施及燃气器具的安装应由持有专业资质的单位承担,严禁擅自安装、改装、拆卸天然气设施和用具。

(2)使用燃气器具前认真阅读使用说明书,按规定步骤操作。使用天然气的房间应通风良好,定期检查户内燃气管道接头、软管、开关等部位是否存在漏气,检查方法是用肥皂水涂在检测部位,观察是否有气泡产生,也可以通过在不使用燃气时,检查燃气表是否转动来判断,切忌用明火检漏。

(3)使用燃气时,一定要有人照看,以免火被溢出的汤水或风扑灭,造成漏气。

(4)使用完毕,注意关好天然气灶或热水器开关,遵守“人离火灭”的原则。同时将灶前阀门关闭,确保安全。长期不用,请将表前阀门关闭。建议家中儿童不要随意使用燃气器具,防止发生意外。

此外,建议安装家庭用可燃气体泄漏报警装置,及时发现燃气泄漏情况。

2.液化石油气使用安全要点

(1)购买正规渠道的液化气产品,如灶具、减压阀、橡皮软管等;细心安装液化气瓶,留意连接处是否到位。

(2)使用液化气时,做好通风,保证有人照看,防止水沸溢浇灭火焰,致使液化气泄漏,引起爆炸事故。一旦发生漏气,应立即切断气源,严禁明火,关闭电器。若阀门漏气着火,迅速移开周围可燃物,用干粉灭火器对准起火根部喷射,或用湿棉被、毛毯等覆盖,再用湿毛巾裹手关闭阀门。

(3)定期检修、更换调压阀、皮管等零配件以防止管路老化,形成事故隐患;严禁私自拆卸燃气灶具、减压阀等。

(4)液化石油气钢瓶应放置在干燥、远离热源的地方,避免暴晒,直立使用;严禁敲击、撞击、剧烈摇晃钢瓶,严禁随意倾倒残液。

(5)液化气使用完毕,应及时关闭灶具开关,切断气源。

3.燃气泄漏预防措施

(1)经常检查连接燃气管道和燃气用具的胶管是否压扁、老化,接口是否松动,是否被尖利物品或老鼠咬坏,如发生上述现象应立即与燃气公司联系。同时,定期更换胶管。根据有关燃气安全管理规定和技术规范,每两年应更换一次胶管。由于各种品牌胶管的质量不一,为了用户的自身安全,建议每年更换一次胶管。

(2)软管不应安装在有火焰和辐射热的地点、隐蔽处,胶管不宜跨过门窗、穿屋过墙使用。

(3)在燃气使用过程中,如供气突然中断,应及时关闭天然气开关,防止空气混入管道内。在恢复供气时,应将管道内的空气排放后,方可使用。

(4)请勿将天然气、管道煤气、液化石油气以及煤炉同室使用;请勿在安装燃气管道及燃气设施的室内存放易燃及易爆物品。

(5)晚上睡觉前,请检查燃气阀门是否关闭。

4.燃气泄漏应急措施

发生燃气泄漏后,要保持冷静,切莫慌张,采取以下措施。

(1)切断气源总阀门,如果是钢瓶阀门损坏泄漏,应及时把钢瓶转移到室外空地。

(2)严禁开、关任何电器,防止电火花引起燃气爆炸;严禁使用明火。

(3)迅速打开门窗,加强室内外空气对流,降低可燃气体浓度。

(4)及时疏散家人、邻居。在无燃气泄漏的地方,打电话报警,寻求帮助。

三、正确使用家电

(一)事故案例

2014年1月11日1时,云南省迪庆藏族自治州香格里拉县独克宗古城仓房社区池廊硕8号"如意客栈"经营者唐英,在卧室内使用取暖器不当,入睡前未关闭电源,导致取暖器引燃可燃物引发火灾。整个火灾扑救历时10多个小时,受灾户达335户,事故造成烧损、拆除房屋面积近6万平方米,约2/3的独克宗古城被烧毁,烧损(含拆除)房屋直接损失约9000万元(不含室内物品和装饰费用)。所幸事故未造成人员伤亡。

2015年5月25日19时30分许,河南省平顶山市鲁山县康乐园老年公寓不能自理区西北角房间西墙及其对应吊顶内,给电视机供电的电气线路接触不良发热,高温引燃周围可燃物,导致特别重大火灾事故发生。事故造成39人死亡,6人受伤,过火面积为745.8平方米,直接经济损失约2000万元。

(二)家用电器防火须知

1.不超负荷用电,注意家庭内电器功率不高于最大允许负荷,若电器负荷超过规定容量,应到供电部门申请扩容,严禁私拉乱接电线。

2.在购买家用电器时,应购买经 3C 认证或行业机构认证的产品,不要贪图便宜购买假冒伪劣电器、电线、插座等,防止因质量问题导致火灾(如图 4–21 所示)。

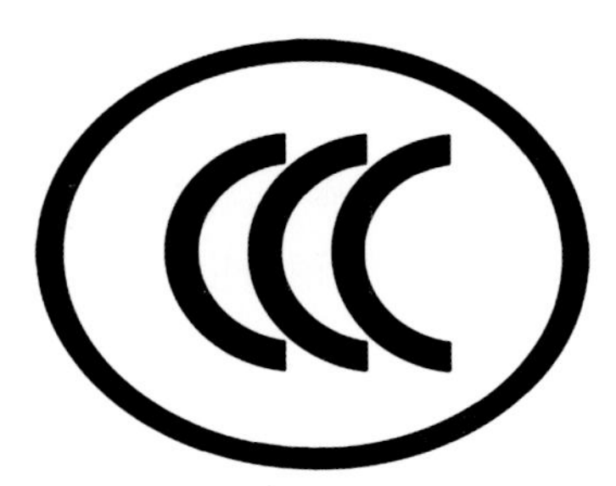

图 4–21　中国强制性产品认证制度

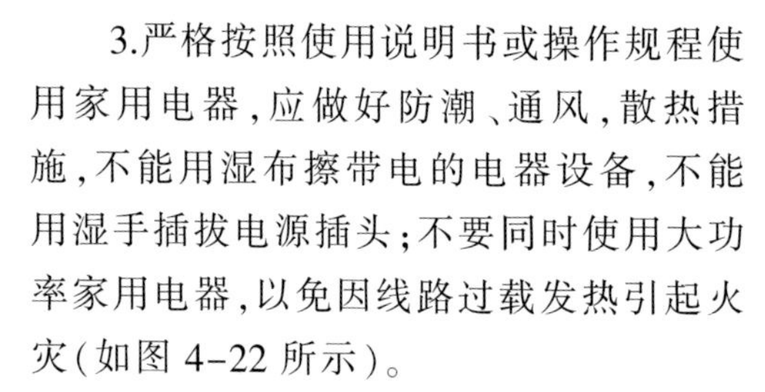

3.严格按照使用说明书或操作规程使用家用电器,应做好防潮、通风,散热措施,不能用湿布擦带电的电器设备,不能用湿手插拔电源插头;不要同时使用大功率家用电器,以免因线路过载发热引起火灾(如图 4–22 所示)。

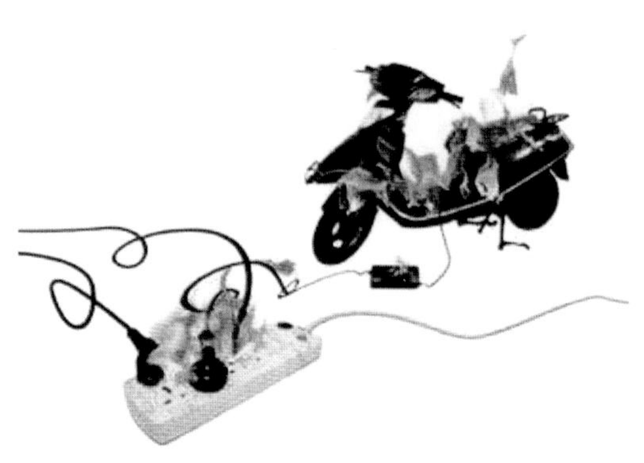

图 4–22　严禁超负荷用电

4.正确使用电加热设备,应有人照看,避免靠近窗帘、衣物、纸张等易燃物质。使用电热毯时,睡前要关闭电源,取出电热毯,再睡觉。

5.外出时,注意检查电器安全,长时间出门应断开家庭总电源。

6.家中常备灭火器。家用电器着火,千万不要用水灭火,应用干粉灭火器、二氧化碳灭火器或灭火毯进行灭火。

(三)电视机防火常识

1.电视机应安置在干燥、通风的位置,附近不应有打火机、火柴等易燃物质。

2.电视机收看时间不宜过长,电视机工作时间越长,发热越多,一般连续工作三四个小时后应关机一段时间,待机内热量散发出去;雷雨天不要用室外天线收看电视,并把电视上室外天线接头拔下。

3.保证电视机电源线完好,若出现老化、外绝缘层破损等现象,应及时更换。

(四)电冰箱防火常识

1.新买来的电冰箱要抽掉冰箱下面的发泡塑料、纸板等包装材料。

2.确保电冰箱后部通风、干燥,严禁在其后部存放可燃物。

3.防止冰箱电源线与压缩机、冷凝器接触。

4.不要用水冲洗电冰箱,定期清洗电冰箱里存水,防止电气开关进水引起短路。

(五)空调防火常识

1.家用空调一般功率较大,应考虑电源负荷,采用专线供电。

2.不要短时间内连续切断、接通空调的电源。

3.尽量使窗帘、门帘等避开空调及其导线,或选用阻燃性窗帘。

4.空调应当有单独的保险熔断器,或空气开关和电源插座。

5.空调应在有人监视的情况下运行,外出时,应当将空调电源切断。

(六)电热毯防火常识

1.购买国家相关机构认证的合格产品,不买粗制滥造、无安全措施、未经检查合格的三无产品,以防止因质量低劣而造成事故。

2.电热毯使用前应仔细阅读说明书,特别要注意使用电压,千万不要把36伏的低压电热毯接到220伏的电压线口上。此外,进口电热毯也有100伏的或者110伏的,使用时不可疏忽大意。电热毯第一次使用或长期搁置后再使用,应在有人监视的情况下先通电1小时左右,检查是否安全。

3.使用电热毯时,要注意防潮,禁止躺在床上抽烟;避免电热毯与人体直接接触,不能在电热毯上只铺一层床单,以防电热毯因人体的揉搓堆集打褶,导致局部过热或电线损坏,发生事故。

4.电热毯脏了,只能用刷子刷洗,不能用手揉搓,以防电热丝折断。

5.电热毯不用时一定要切断电源。

6.折叠电热毯不要固定位置。不要在沙发上、席梦思上和钢丝床上使用直线型电热毯,这种电热毯只宜在木板床上使用。

(七)扑救电气火灾的注意事项

电气火灾与一般的火灾事故具有不同的特点,发生火灾时,电气设备可能带电,如果不注意,会导致扑救人员触电。因此,在扑救时应特别注意以下几项。

1.一旦发生电气火灾,首要任务是切断电源

(1)切断电源时必须做好绝缘保护措施,以防操作过程中发生触电事故。

(2)如果导线带有负荷,应先尽可能消除负荷,以防带负荷切断电源时发生弧光短路事故。

(3)若采取剪断导线断电时,应选择恰当的断电位置,避免引起他人触电,同时不要影响灭火工作。

2.采用二氧化碳灭火器、干粉灭火器或沙土进行灭火

(1)如果情况危急,必须带电灭火时,应注意与带电体保持一定的距离。

(2)禁止使用水、泡沫灭火器或含水的灭火器材扑救电气火灾。

(3)带电灭火时,应佩戴绝缘手套。

(4)及时报警，若火势无法控制，首先应确保人身安全，等待消防员来灭火。

四、恰当处置油锅着火

1.事故案例

2014年5月20日晚上19时30分左右，家住杭州某小区的张先生在做饭时，油锅突然起火，慌乱之中用自来水直接浇热油锅，结果火苗立刻窜起来，引发了大火。

2.油锅着火应急处置

生活中油锅着火是很常见的事情。遇到这种情况千万不要惊慌失措，更不能用水灭火，否则烧着的油会溅出来，引燃厨房里的其他可燃物。我们应该按照以下方法进行灭火。

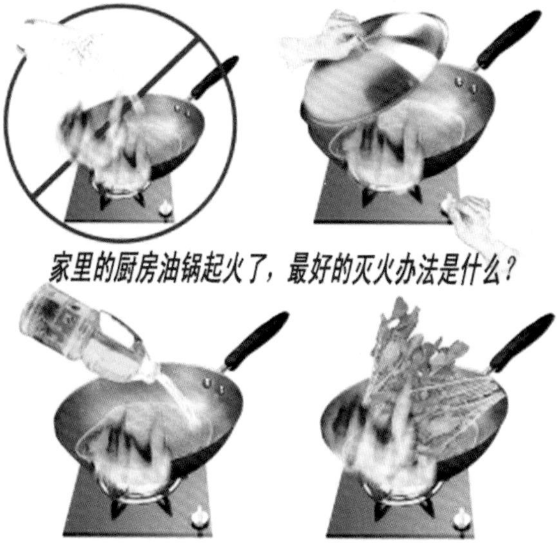

(1)切断火灾源头

油锅着火，首先要做的关键一步，就是迅速关闭燃气阀门。

家里的厨房油锅起火了，最好的灭火办法是什么？

图4-23 油锅着火的正确处置办法

(2)巧用身边工具灭火

锅盖：油锅着火，手边最方便的工具莫过于锅盖。盖上锅盖可以起到隔绝氧气的作用，使锅里的油自然熄灭。如果锅盖没有在身边，也可以用盆将锅盖上(如图4-23所示)。

湿毛巾、抹布：当油锅火势不大时，可以用湿毛巾、抹布等直接将火苗盖住，这样就能把火“闷灭”。

食用油：人们常说“火上浇油，越烧越旺”，事实上，食用油也能灭火。这是因为食用油的燃点为300℃~400℃。加入常温下的食用油，可以使油锅中的温度降低到燃点以下，起火的油锅自然就被熄灭了。

蔬菜或大米：其实蔬菜也是天然的“灭火剂”。火势较大时，最简单有效的方法就是倒入切好的蔬菜。此外，均匀地倒入大米，也能达到灭火效果。

(3)使用灭火器灭火

如果家中备有灭火器，灭火效果更好。当使用干粉灭火器灭油锅火时，应将灭火器对着锅壁喷射，不能直接冲击油面，防止将油冲出。

第三节 公共场所的防火意识

公共场所即影剧院、礼堂、歌舞厅、俱乐部、医院、机场、车站、码头、宾馆、酒店、院校、托儿所、幼儿园、商场、展览馆、图书馆等,人员集中、流动量大的场所。这些场所一旦发生火灾,伤亡惨重。因此,市民在进入公共场所时应具备一定的防火意识,自觉遵守公共场所的防火规定。一般情况应具备以下几点防火意识。

1.严格遵守各种安全标志、消防标志的要求,遵守各项防火安全制度,服从消防保卫人员的管理,自觉配合安全检查。

2.在公共场所内尽量不要吸烟和使用明火,到指定区域吸烟时一定要注意烟头不要碰到可燃物,烟头或火柴梗一定不要随便乱扔,并应确保烟头熄灭后再离开。

3.不应损坏、挪用、圈占灭火器、消火栓等消防器材设施。不应堵塞、锁闭消防安全疏散走道、疏散楼梯和安全出口。不应占用、堵塞消防车通道及消防救援场地。

4.不要携带烟花爆竹、酒精、汽油等易燃易爆危险物品进入公共场所。不要随意玩弄烛火、燃放烟花。

5.当发现有危及公共消防安全的行为时,应主动劝阻或通知场所值班人员。

由于各类公共场所在建筑结构、使用性质、储存物品等方面各有特点,所以其火灾危险性也有不同。这些公共场所应具备的防火意识除了上述 5 点以外,个别场所有需要特殊注意的方面,具体如下。

一、影剧院、礼堂等放映表演类场所

影剧院和大型礼堂的主体建筑一般由舞台、观众厅、放映厅三大部分组成。影剧院、大型礼堂内可燃物较多,如座椅、幕布、各种舞台设备等,内部空间高、跨度大。演出和集会时,人员高度集中,各种电气设备也处于运行中。如果发生火灾,由于空气流通,各部位相连,火势会发展迅速,燃烧也相对猛烈,极易造成重大人员伤亡和财产损失。

1994 年 12 月 8 日下午,新疆维吾尔自治区克拉玛依友谊馆大火,在演出过程中,18 时 20 分左右,由于舞台上方 7 号光柱灯烤燃附近纱幕,引起大幕起火,火势迅速蔓延,约 1 分钟后电线短路,灯光熄灭,剧厅内各种易燃材料燃烧后产生大量有毒有害气体,致使众人被烧或窒息,伤亡极为惨重。火灾造成 325 人死亡,132 人受伤的惨剧,死者中 288 人是学生,另外 37 人是老师、家长和工作人员。

舞台是这类场所最易起火的部位,舞台通常铺设木地板,侧台经常堆放大量的布景、道具、服装、箱子等可燃物,舞台在演出过程中,灯具、用电线路也多。所以,在舞台上及其周边应注意使用明火和电气设备,如不要随意吸烟和乱扔烟头;舞台上使用的照明灯具

要与可燃物质保持一定的安全距离，否则，照明灯具若紧贴在木板、幕布或其他可燃物上，其危险性也是很大的，因为灯泡的表面温度很高，如 60W 的白炽灯，表面温度可达 135℃~180℃；100W 的白炽灯，表面温度可达 170℃~220℃。所以，当灯泡与可燃物接触时间一长，就会引着起火。

剧院、礼堂在演出时，有时需要使用发令枪、鞭炮、烟火等易燃易爆危险品，这些易燃易爆危险品应有专人监护，并远离可燃物。

有时需要使用电熨斗熨烫演出服，演员们需要使用电吹风、电卷棒修整发型，这些电器通电后温度都很高，如遇可燃物，很可能会引发火灾。因此，用完后应及时将电源切断，并放置在不燃的基座上，待余热散尽后，再收存起来。用完后不要立即装入纸箱内，以免其余热会引着其他可燃物品，而发生火灾。

维修电器设备使用的电烙铁，用完后应先拔掉电源插头，然后放在不燃的基座上或放在水泥地上，千万不要放在可燃物上，以防温度过高而引起火灾。

动火作业应当按照单位的用火管理制度办理审批手续，落实现场监护人，清除动火区域的易燃、可燃物，配置消防器材，在确认无火灾、爆炸危险后方可动火施工。

二、歌舞厅、酒吧、俱乐部等娱乐场所

2014 年 12 月 15 日零时 20 分左右，河南新乡长垣县蒲东街道皇冠 KTV 发生火灾。事故直接原因为皇冠歌厅吧台内使用的电暖器，近距离高温烘烤违规大量放置的具有易燃易爆危险性的罐装空气清新剂，导致空气清新剂爆炸引发火灾。事件造成 35 人受伤，其中有 11 人经抢救无效死亡。

歌舞厅、酒吧等娱乐场所建筑结构复杂，使用的电气设备多，使用的装饰装修材料多为可燃易燃物。营业期间顾客较多，大多数顾客会抽烟酗酒，如不小心，极易引发火灾。火灾时，若逃生困难，易造成重大伤亡。

因此，进入该场所时，应具备以下防火安全意识。

注意安全使用电气设备，电气设备的发热部位不要靠近可燃、易爆物品。

选择在娱乐场所过生日、举行小型庆典活动，营造、烘托气氛时，应避免使用蜡烛、烟花等明火。建议将吸烟也与此合并。

商家烘托节日气氛、吸引客流，进行装饰布置时，应牢记消防安全，谨慎选用合格的装饰物，安全布置“霓虹”“小彩灯”装饰灯及其电线、插座，附近配好灭火器材，人员离开时要关闭电源。

布置装饰物时，应远离疏散通道、热源、火源，不应遮挡消防应急照明、疏散指示标志。

三、机场、车站、码头类场所

机场、车站、码头是主要的公共交通枢纽，该类场所的候机、候车厅客流量大，人员复

杂,场所内的电气设备多,如若发生火灾会影响公共交通运输,甚至会造成重大人员伤亡。

2013 年 10 月 27 日上午 9 点 14 分,广州白云机场航站楼出发厅一电子显示屏起火,波及旁边 1 间商铺。10 点 05 分,大火被扑灭,未造成人员伤亡,但有 24 个航班受影响。

在这类场所,一般电子设备和供旅客充电的电源接口较多,还设有餐饮、购物区,所以,旅客到该类公共场所还应注意如下几点。

安全使用各种电气设备,若发现电气设备异常,应及时报告给相关工作人员。特别是餐饮、购物区使用的电气设备及其相关电气线路。

在给移动电源、手机、电脑等充电时,要安全用电,发热部位不要接触可燃易燃物,不要将水、饮料等液体洒到电源插口。

照明用灯具下方堆放物品与照明灯具垂直间距不应小于 0.5 米。

防火卷帘门两侧各 0.5 米范围内不应堆放物品。

四、宾馆、酒店类场所

宾馆、酒店类场所主要是给旅客提供临时居所的,客房内有大量的可燃易燃物,如被褥、浴巾、布艺沙发及窗帘等,还有电视机、电热水壶、电吹风机等小型电器。如果旅客在客房内吸烟、使用明火或不安全使用电器,很容易引发火灾。

据统计,宾馆、酒店类场所约 70%的火灾是由电气引起。现代化酒店的主要能源是电,用电设备多。用电设施不完好、线路老化、人员操作失误都易造成电气线路短路起火。电气线路和电器设备的管理使用不当,都是酒店火灾的头号原因。如 2005 年 6 月 10 日,广东省汕头市华南宾馆由于电气线路发生短路故障引燃可燃物,造成特大火灾事故。事故导致 31 人死亡,28 人受伤,过火面积 2800 平方米,直接经济损失 81 万元。

用火不慎也容易酿成大祸, 如 2004 年 2 月 1 日, 河南省洛阳市经济开发区深森宾馆,由于值班人员用煤炉取暖时,煤炉引燃值班人员的大衣而造成特大火灾,火灾导致 10 人死亡、16 人受伤。

所以,我们进入该类场所还应具备以下防火意识。

进入该场所后,如若发现有老化的或可能发生短路的电气线路,应及时汇报给相关人员及时维修。

使用电热水壶、电吹风、台灯等小型电器时,一定要注意安全,通电时不要与可燃物接触或靠近可燃物,使用完毕要立即断电,待冷却后方可回收。

在给移动电源、手机、电脑等充电时,要安全用电,发热部位不要接触可燃易燃物。

不要卧床吸烟,吸烟时一定要注意烟头不要碰到可燃物,确保烟头或火柴梗燃尽或彻底熄灭,且一定不能随便乱扔。

入住配有插卡取电开关的旅馆、酒店,不应用名片等卡片代替房卡取电(将卡片插入电源插槽)。离开房间时,应拔掉房卡,避免电器(如空调)持续工作过热而损坏电器,甚至引发火灾。

五、托儿所、幼儿园、养老院、医院等场所

托儿所、幼儿园、养老院、医院等场所的人群主要以儿童、老年人、伤病员为主，这类人群行动能力相对较弱，在火场中都需要成年人救助，如若救助不及时，极有可能造成群死群伤的严重后果。

2011 年 5 月 15 日，安徽省淮南市唐山镇老年公寓因燃着的蚊香引燃周围可燃物发生火灾，造成 2 名老人死亡。同年 6 月 11 日，江西省新余市仙女湖养老院因使用蜡烛照明不慎引燃可燃物发生火灾，造成 3 名老人死亡，3 名老人受伤。

所以，在该类场所，我们还应具备以下防火意识：

(1)不要私拉乱接电气线路。

(2)不得私自使用热得快、电炉等大功率电器。

(3)谨慎使用蚊香、蜡烛等明火。

(4)严格监督儿童，不得玩弄明火。

(5)不得随意焚烧垃圾、树叶等可燃易燃物品。

▶ 入群指南详见本书封二

与书友
沟通交流共同进步

第五章 初起火灾扑救方法

"消防"指的就是火灾的"预防"与"扑救",火灾的预防可以避免许多火灾事故的发生,同样,扑救可以挽回许多生命和财产。公众百姓不是专业的消防人员,不具备应对熊熊大火的专业工具和经验,发生火灾时不宜参与火灾扑救,应及时报警等待消防队扑救。但是,学习一些扑救初起火灾的基本常识,懂得一些火灾发展规律,对于应对身边刚刚发生的初起小火是很重要的。学会这些,一起大火可能在一小堆儿火苗时,被一盆水浇灭,不可想象的一场灾难会被消灭在萌芽中。那么,初起火灾的特点是怎样的?初起火灾扑救的一般原则是什么?家庭初起火灾如何扑救?在公共场合遇到初起火灾公众如何处置?下面我们将一一介绍。

第一节 初起火灾扑救的一般原则

一、初起火灾特点

前面讲过,火灾发展全过程可分为三大阶段:初起阶段、猛烈阶段和衰减阶段。如果我们从火灾扑救成功率去统计分析,可分为初期火灾、中期火灾、旺盛期火灾,如图5-1所示。

据统计,初期火灾扑救成功率高达85%,有约70%是由在场人员在火灾初起阶段扑灭的,中期火灾扑救率为50%左右。初期火灾扑救的成功率之所以高达85%,是因为火焰小,温度低(从图5-1中看到,初期火灾的温度最高不到200℃),易于扑灭。特别是在火灾的初起阶段,火焰更小,温度更低,更容易扑灭。温度低人们就能更靠近火焰,火焰小

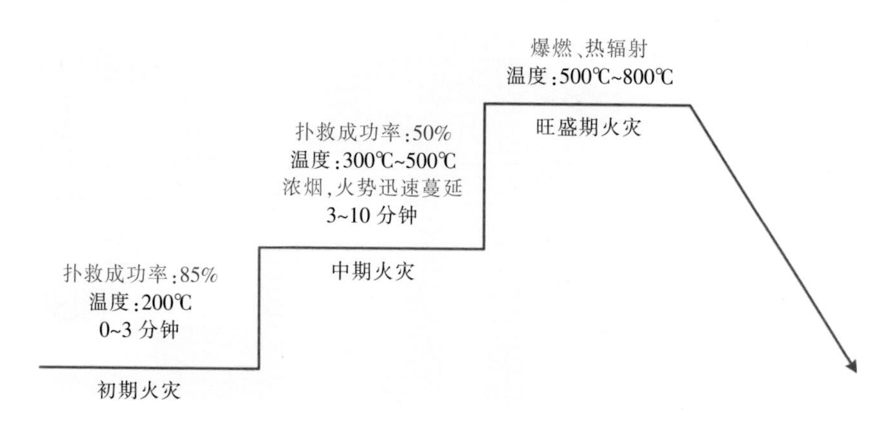

图5-1 火灾发展过程

人们就有多种办法将火苗扑灭，或一杯水就能浇灭，或一只脚就能踩灭。这个阶段对扑救火灾极为关键，因为时间太短，只有 0~3 分钟，这 3 分钟可称得上是黄金 3 分钟，错过了这个机会火灾的发展无法想象。

当火灾进入到中期火灾时，浓烟、火势迅速蔓延，温度升高到 300℃~500℃，这段时间大概在火灾发生的 3~10 分钟(如图 5–1 所示)。据统计，此阶段火灾的扑救率下降到 50%，而且大都是专业的消防队扑灭的，靠个人用简单工具扑灭中期火灾是不可能的，因为，此时的火焰不再是小火苗了，浓烟也很大。到了旺盛期，爆燃将发生，热辐射将加剧，温度进一步升高，一般为 500℃~800℃，火灾将难以控制。对于我们来说，了解一些初起火灾扑救方法也是很有必要的。

室内发生火灾后，最初只是起火部位及其周围可燃物着火燃烧。在火灾局部燃烧形成之后，可能会出现下列 3 种情况：

1.最初着火的可燃物质燃烧完，而未蔓延至其他的可燃物质，尤其是初始着火的可燃物处在隔离的情况下。

2.如果通风不足，则火灾可能自行熄灭，或受到通风供氧条件的支配，以很慢的燃烧速度继续燃烧。

3.如果存在足够的可燃物质，而且具有良好的通风条件，则火灾迅速发展到整个房间，使房间中的所有可燃物(家具、衣物、可燃装修等)卷入燃烧之中，从而使室内火灾进入到全面发展的猛烈燃烧阶段。

初起阶段的特点是，火灾燃烧范围不大，火灾仅限于初始起火点附近。室内温度差别大，在燃烧区域及其附近存在高温，室内平均温度低；火灾发展速度较慢，在发展过程中火势不稳定；火灾发展时间因受点火源、可燃物质性质和分布以及通风条件影响，其长短差别很大。图 5–2 是一起初起火灾实例图。

图 5–2　厨房初起火灾

二、扑救火灾的四种基本方法

第一章向大家介绍过，火的必要条件是三要素，即可燃物、助燃物和引火源(如图 5–3)。这三要素缺一，火就会熄灭。利用这一原理，无论什么火灾，只要正确选用下面四种基本方法，就会把火灾消灭。

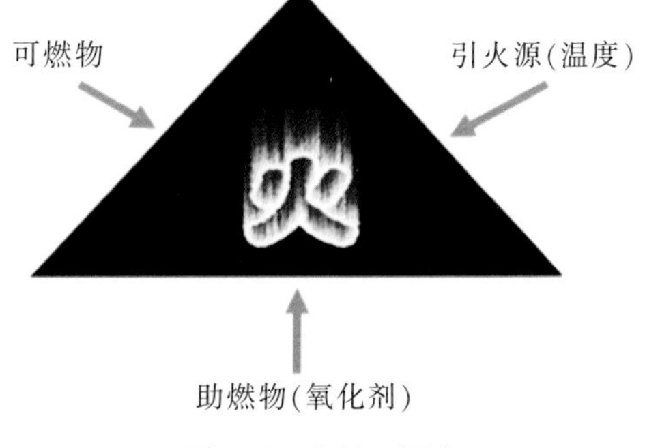

图 5–3　火的三要素

(一)冷却灭火法

这种灭火方法的原理是消除引火源，

将灭火剂直接喷射到燃烧的物体上，以降低燃烧的温度,使燃烧停止。或者将灭火剂喷洒在火源附近的物品上，使其不因火焰热辐射作用而形成新的火点。冷却灭火法是灭火的一种主要方法，常用水和二氧化碳作为灭火剂冷却降温灭火。灭火剂在灭火过程中不参与燃烧过程中的化学反应。这种方法属于物理灭火方法(见图 5–4)。

图 5–4　水冷却灭火法

(二)窒息灭火法

窒息灭火法是阻止空气流入燃烧区或用不燃物质冲淡空气,使燃烧物得不到足够的氧气而熄灭的灭火方法。具体方法如下：

1.用沙土、水泥、湿麻袋、湿棉被等不燃或难燃物质覆盖燃烧物(见图 5–5)。

图 5–5　窒息灭火法

2.喷洒雾状水、干粉、泡沫等灭火剂覆盖燃烧物。

3.用水蒸气或氮气、二氧化碳等惰性气体灌注发生火灾的容器、设备中。

4.密闭起火建筑、设备和孔洞。

5.把不燃的气体或不燃液体(如二氧化碳、氮气、四氯化碳等)喷洒到燃烧物区域内或燃烧物上。

(三)隔离灭火法

隔离灭火法是将正在燃烧的物品和周围未燃烧的可燃物质隔离或移开，中断可燃物质的供给，使燃烧因缺少可燃物而熄灭,如图 5–6。具体方法如下：

图 5–6　设隔离带灭火

1.把火源附近的可燃、易燃、易爆和助燃物品搬走。

2.关闭可燃气体、可燃液体管道的阀门,以减少和阻止可燃物质进入燃烧区。

3.设法阻拦流散的易燃、可燃液体。

4.拆除与火源相毗连的易燃建筑物,形成防止火势蔓延的空间地带。

(四)抑制灭火法

抑制灭火法,准确地叫化学抑制灭火法,其原理是:将化学灭火剂喷入燃烧区,让灭火剂参与燃烧反应，使燃烧过程中产生的游离基消失，而形成稳定分子或低活性的游离基，从而使燃烧反应停止，如使用干粉灭火器扑救初期火灾，见图 5–7。

图 5–7　化学抑制灭火法

三、扑救初起火灾一般原则

初起火灾持续的时间，对建筑物内人员的安全疏散、重要物资的抢救以及火灾扑救都具有重要意义。若室内火灾经过诱发成长，一旦达到轰燃，则该室内未逃离火场的人员生命将受到威胁。统计资料证明，最佳灭火和逃生时间为 1~3 分钟，如图 5–8 所示。

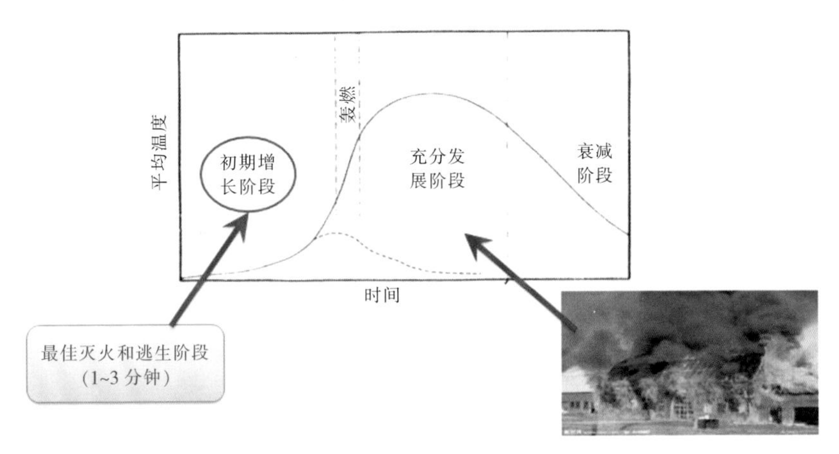

图 5–8　最佳灭火时间

当然，初起火灾不单单从时间上去判断，还要从实际情况判断，一般室内火灾只在地面等横向蔓延，或者在火蔓延到窗帘、隔扇等纵向表面之前，也可判定为初起火灾。

判断确定好初起火灾阶段十分重要，你可以在这有限的时间里立即去做重要的三件事，即：尽早通知他人、尽快灭火、尽快逃生，这就是人们说的三大原则，如图 5–9 所示。

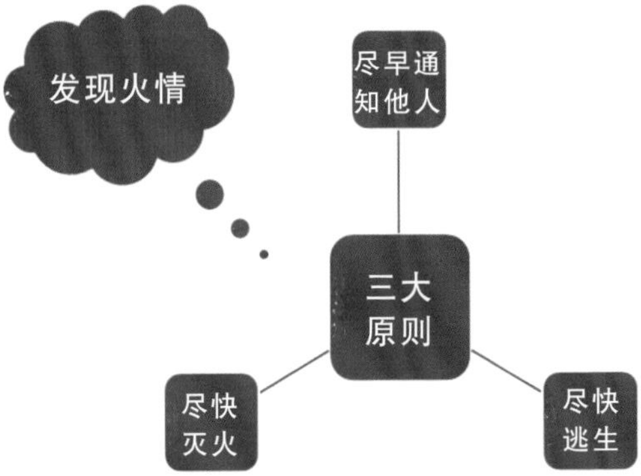

发现火情
尽早通知他人
三大原则
尽快灭火
尽快逃生

图 5–9　处理初起火灾三大原则

这三大原则在实际使用中是有侧重的。首先判断火的情况，在你预判火势很小且你自己能用一己之力迅速灭掉的话，第一要务是尽快灭火。如果身边还有他人，可分工合作，一人报警一人灭火，报警人报完警后再一起灭火。如果火势大,要先报警再灭火。火势再大的话,身边也没人,自己灭不了,就尽快逃生,边逃边报警。

扑救初起火灾的一般原则是:①不要慌张;②要抢时间;③要利用身边一切可利用的工具;④选择好上述四种基本灭火方法,例如,使用身边简易的灭火工具进行灭火,在有灭火器和消防栓的情况下可直接使用灭火;⑤室内着火时,不要盲目打开门窗,以免空气对流,造成火势蔓延扩大。民间有这样六句话有助于记住这些原则。

1.早报警,损失小。

2.边报警,边扑救。

3.先控制,后消灭,

4.先救人,后救物。

5.防中毒,防窒息。

6.听指挥,莫惊慌。

第二节 家庭初起火灾扑救方法

前一节介绍了初起火灾扑救的基本方法和一般原则,本节专门介绍一下家庭初起火灾的扑救方法。扑救家庭火灾要遵循上述一般方法,结合实际情况,具体问题具体分析。扑救家庭初起火灾,可以利用身边一切可以利用的东西实施灭火,如家用灭火器、水、扫帚、墩布、食盐、锅盖、湿棉被、湿麻袋等。下面介绍几种家庭初起火灾的扑救方法。

一、家庭电气起火初期扑救方法

家里电视机或微波炉等电器突然冒烟起火,或电气线路因过载受热起火时,应迅速拔下电源插头,切断电源,防止灭火时触电伤亡。用棉被、毛毯等不透气的物品将电器包裹起来,隔绝空气。用灭火器灭火时,灭火剂不应直接射向荧光屏等部位,防止热胀冷缩引起爆炸。如图 5-11 所示。

图 5-11 电视着火勿用水灭火

夜间发生电气线路火灾时,在切断电源导致视线不清时,可以用手机或手电筒照明实施灭火扑救。

露天电器设备发生火灾时,若手边没有灭火器,用水灭火危险性较大的情况下,可用铁锹铲沙土覆盖到电器设备上,使火窒息熄灭。

二、家庭灶台起火初期扑救方法

(一)灶台上物品起火

如果是燃气炉灶,立即切断气源。无论是燃气灶,还是烧柴锅台,一旦引起灶台上物品起火,如果有备用的灭火器,可用灭火器直接向火源喷射。没有灭火器,可用锅、盆等器皿盛水倒在燃烧的物品上灭火。如果备有专用灭火毯,可用灭火毯铺盖起火物。没有灭火毯,可把被褥浇湿后铺盖起火物,如果来不及浇湿被褥,可先将被褥铺盖在起火物上,并立刻浇水或拍打被褥灭火,但这个方法要慎用。还可利用手边的扫帚等物,拍打正在燃烧的物品。火扑灭后,为防止复燃,应继续往余灰上浇水、反复拍打,使其尽快冷却。图 5–12 和图 5–13 给出了两个正确的灭火方法。

图 5–12　迅速关闭燃气总开关或阀门

图 5–13　用水浇灭灶台上的火

(二)油锅起火

如果厨房只是油锅起火了,不要慌张,千万不能向热油锅里浇水,否则冷水遇到高温油,会出现炸锅,使油火到处飞溅,导致火势加大,造成人员伤亡。

应该先立即关掉燃气阀门,切断气源,然后用灭火毯,或用锅盖,或用浸湿的被褥毛毯等物,盖在锅上,盖得越严越好,直至锅内火焰因窒息而熄灭。还可以用冷却的办法,或倒入大量青菜,或倒入冷食用油,使油温降低,这种方法关键点是蔬菜和冷油要用量大,才有可能把火熄灭,能用锅盖使其窒息熄灭是最佳选择。另外,有灭火器的,可以用灭火器对准锅边儿或墙壁喷射灭火剂,使其反射过来灭火。用盐也可以灭油锅火或烹饪物火灾(见图 5–14)。

图 5–14　锅盖窒息灭火

三、家具起火初期扑救方法

发现家具起火，应迅速将旁边的可燃、易燃物品移开。如果家中备有灭火器，立即拿起灭火器，向着火家具喷射。如果没有灭火器，可用水桶、水盆、饭锅等盛水扑救，争取时间，把火消灭在萌芽状态。千万不可贪恋钱财，贻误灭火时机。见图 5–16 所示。

四、窗帘织物起火初期扑救方法

窗帘织物起火，火势较小时浇水最有效，应在火焰的上方弧形泼水；或用浸湿的扫帚拍打火焰；如果用水已来不及灭火，可将窗帘撕下，用脚踩灭或用不燃、难燃物扑灭。图 5–17 是一起窗帘起火初期被水浇灭的现场。

五、身上衣服、头发着火应对办法

衣服起火，千万不要惊慌、乱跑，更不要胡乱扑打，以免风助火势，使燃烧更旺，或者

图 5–16　不要贪恋钱财

图 5–17　窗帘起火初期被水浇灭的现场

引燃其他可燃物品。应立即离开火场，尔后就地躺倒，手护着脸将身体滚动或用身体贴紧墙壁将火压灭；或用厚重衣物裹在身上，压灭火苗；如果附近有水池，跳进水池；如果在家里，跑到卫生间，打开淋浴器，用水浇灭身上的火焰。头发着火时，也应沉着、镇定，不要乱跑，应迅速用棉制的衣服或毛巾、书包等套在头上。

第三节 公民参与公共场所初起火灾灭火的注意事项

居民在日常生活中经常要到一些公共场所，如商场、超市、医院、饭馆，有时参加一些文化娱乐活动，如 KTV、看电影、听音乐会、看球赛等。在公共场所遇到火灾时，我们应如何去做呢？

首先，我们要确保自身的安全。在确保自身安全的同时，要先报警。一方面向周围的人报警，大声呼叫。另一方面要在周围找到"火灾报警按钮"，按下去，向该建筑消防控制室发出火灾报警信号。一般公共聚集场所都设有"火灾报警按钮"，且你在建筑内任何一个位置步行不到 30 米处就能找到一个报警按钮。如果还有其他人在，可让他拨打"119"火警电话报警。切记：不管火势大小，只要发现起火，就要把火警发出去。即使有能力扑灭火灾，也要报警。因为火势发展难于预料，如扑救方法不当、对起火物的性质了解不够、灭火器材功能失效或效能有限，都可能控制不住火势而酿成火灾（见图 5–18 所示）。

图 5–18　应对初起火灾

接下来，你要根据具体情况，参与初期火灾扑救。如果就你自己在，你要判断火势大小，火势不大时，你觉得能扑救就扑救；火势太大，你觉得不但救不了火反而会伤及自己，你就要逃生。你可以寻找周围的灭火器去灭火（灭火器的使用方法见第三章），来不及寻找灭火器时，可以利用周围的物品或是脱下衣服扑打火焰，或用脚踩灭火焰。用衣服扑打或利用周围物品灭火时，一定要防止将这些物品点燃，火势一定是在很小的情况下，否则不要用衣服等可燃物去扑打火焰。

图 5-19　公共场所遇火莫惊慌

一般情况下，公共聚集场所不会就你一个人，所以，要呼喊大家一起灭火。人多时，千万不要慌乱，要分工，有人报警，有人帮助老弱病残疏散，有人找灭火器，有人找消火栓，剩下的人一起扑救初起火灾。如图 5-19 所示。

该建筑消防控制室接到报警后，会派人到现场组织大家灭火，此时的你就要完全听其指挥。或帮助灭火；或帮助疏散被困人员；或拨打“119”，到建筑外接应消防队；或逃离火场。该做什么？一是听指挥，二是要请示指挥员。请示指挥员有两个目的，一是让指挥员再帮你判断一下你想去做的事情有没有危险，二是指挥员同意你去，对他来讲也能全面了解火场的人员安排和去向。切忌不要自行其是。

初起火灾处置程序的总体思路有 3 点：

1.准确、及时报警。

2.快速、有效灭火。

3.灵活、安全逃生。其中及时报警为首要任务。

火灾处置的具体方法有 6 点：

1.明确分工，忙而不乱。

2.准确判断火情，及时报告火警。

3.迅速展开灭火救援行动。

4.及时组织人员疏散、逃生和营救。

5.立即组织现场警戒。

6.统一指挥，协调一致。

加入本书读者交流群
▶ 入群指南详见本书封二
与书友
沟通交流共同进步

第六章 不同场所火灾的逃生技巧

火灾现场瞬息万变，发生在不同场所的火灾，具有不同的发展和蔓延特点。因此，置身于不同场所的火灾现场时，应该依据现场特点、火灾特点，采取不同的逃生方法。要想尽快逃离火场，就要求我们未雨绸缪。本章首先介绍一些火场必备的逃生技巧，然后在共性的基础上突出特性，详细介绍不同场所火灾的逃生技巧。

第一节 火场必备逃生技巧

面对不同场所发生的火灾，逃生人员应该根据现场火势、火情灵活机动地采取有效的方法逃生。掌握必备逃生技巧，不但能够为逃生行动赢取时间，还可以大大提高成功的概率。

一、克服恐惧

火灾是具有突发性的意外事件，可以在短时间内给人带来毁灭性的伤害。研究发现，遭遇突发事件时，不同人的心理反应存在差异。即使心理素质较好的人，遇到突发事件时也会紧张、害怕，出现血压升高、心跳加速、血糖增高等生理反应。心理素质较差的人，遇突发事件往往表现为思维停滞、不知所措、手脚笨拙。显然，心理素质较好的人，在突发事件来临时，头脑清晰，反应更加敏捷，更容易做出正确的判断，采取适当的行动。

其实，较好的心理素质是可以通过日常应变能力的训练建立的。有关研究发现，接受过消防知识培训或有火灾经历的人员，面对火灾不会心存侥幸，也不会惊慌失措。举世瞩目的“9·11”事件中，冷静选择逃生路径，安全脱离险境的人们，恰恰有力地说明了“逃生培训”的重要性。

恐惧是一种消极的心理现象，对火场逃生行为具有很大的负面影响。恐惧导致的思维停滞、反应迟钝会影响人们的判断力和意志力，使人不能采取正确的逃生方法或者造成人们逃生意志的动摇。而恐惧导致的双腿发软、全身瘫痪则会直接让人丧失逃生能力，任由火魔吞噬脆弱的生命。“时间就是生命”，只有沉着冷静、思维敏捷，才能做出正确的判断，选择较好的逃生方法，从而尽快脱离险境。

因此，身临火场，一定要克服恐惧，保持冷静。如何才能使自己冷静面对突如其来的大火、炙热有毒的烟气、惊慌失措的人们及其慌乱的喊叫声呢？

1.树立信心

在火灾面前，应该坚定自己的意志，让自己充满战胜火魔的信心。实践证明，成功的火场逃生不仅取决于客观条件的优越，还取决于一个人主观意志的坚定。

2.心理暗示

受困于火场时,缓慢、单调地默念“不用慌,我一定能逃出去”“我感到很轻松,全身都在放松”,给自己一种心理暗示,可以缓解紧张、恐惧心理。遭遇火灾者如果能够临危不乱,那他就能充分挖掘自己的聪明才智,化险为夷,脱离险境。

3.培训体验

通过对火灾、逃生的认知,提高自身应变能力,可以消除对火灾的恐惧。利用周末等休息时间去消防博物馆参观,亲身体验模拟的火灾现场。这样,在遭遇真正火灾的时候可有效降低惊慌程度。有条件的,应主动接受正规的消防教育培训,积极参加各种火灾应急疏散演练活动,掌握火灾报警知识、简单的灭火操作技能、基本逃生方法等。

日本是地震频发的国家,但强烈的防震救灾意识已经深入人心。为了让市民懂得如何应对突如其来的灾难,每年法定的“防灾日”,全国上下都会动员市民参加大规模的地震防灾演练。此外,在地震多发区的居民组织还经常开展综合性训练,全国各地设置的地震博物馆和地震知识学习馆,免费向市民开放。借助博物馆、学习馆内的模拟设施,人们可以亲身体验“地震”的状态,学习正确的应变行为。正是因为这些曾经的经历,回答了“日本人为什么不怕大地震”的这个问题。

二、注意防烟

大量的火灾案例证明,烟气是火场上的第一杀手。建筑在装修过程中使用大量的海绵、泡沫塑料板、纤维等装饰物,火灾发生后,这些物质燃烧产生大量有毒烟气,烟气中的一氧化碳、有毒气体等直接严重威胁人的生命。此外,烟气具有遮光性,火场中的烟气严重影响视线,使人难以辨别方向。另外,火灾时特有的高温和缺氧状态等会使人处于更加危险的境地。因此,火场防烟尤为重要。

(一)佩戴防烟面具

随着社会的不断进步,物质生活水平的不断提高,火灾防烟面罩正逐步进入单位、社区,乃至家庭。目前已有不少公共场所配置了带火灾防烟面罩的火灾应急箱。火场中的烟雾是有毒的,许多丧生者都是因为吸入有毒气体窒息而死。如果火灾发生时,身边恰好有防烟面罩,只要正确使用,就能抵御有毒烟雾的侵袭,大大提升安全逃生的概率。

防烟面具滤毒盒内常见的填充物有海绵、石棉网和活性炭三种。其中活性炭类的面具,无论对烟尘或者是有毒气体过滤性能都很好。

使用注意事项:

(1)一般仅供一次性使用,不能用于工作保护,只供个人逃生自救。

(2)使用前应先检查各部件是否完好,滤毒盒与主体结构是否密合,滤毒盒内的滤料是否松动。

(3)佩戴时应保持端正,包住口鼻,鼻身两侧不应有空隙。带子要分别系牢,要调整到面具不松动,不挤压脸鼻,不漏气。

(二)低姿行走

火灾烟气具有温度高、毒性大的特点,一旦吸入后很容易引起呼吸系统烫伤或中毒。火灾发生时,由于热空气的上升作用,烟气大多聚集在上部空间,火灾初期贴近地面位置的高温有毒烟气较少,被困者采取低姿势行走或爬行,不会吸入有毒气体。

逃生过程中,应首先辨识烟雾浓度大小。若烟雾浓度较小,可以适当降低体位,以弯腰的姿势快速撤离火场;新鲜空气容易聚集在靠墙的地方、楼梯台阶之间的拐角处,若烟雾浓度较大,则应该采用匍匐姿势,头部尽量贴近地面,选取通向安全出口的捷径逃生。若身处楼梯间,靠墙或楼梯台阶之间拐角处也可能有残留空气,此时疏散应脚朝下,倒着向下爬,可以在贴近台阶的拐角处呼吸空气。

(三)捂住口鼻

湿毛巾在火场逃生时有过滤火灾烟气中有害颗粒的作用。实验证明,影响其过滤效果的主要因素为毛巾的折叠层数与毛巾的含水量。通常层数越多、含水量越大,除烟率也越大。8 层的干毛巾可以滤掉 10%~30%的有害颗粒,而 8 层的湿毛巾可以滤掉 10%~40%的有害颗粒。对折后的湿毛巾还能对吸入肺部的气体起提前降温的作用,有效避免高温气体对呼吸系统的伤害,冷水还能使人更清醒些。

图 6–1 对比了干毛巾折叠后的除烟率。

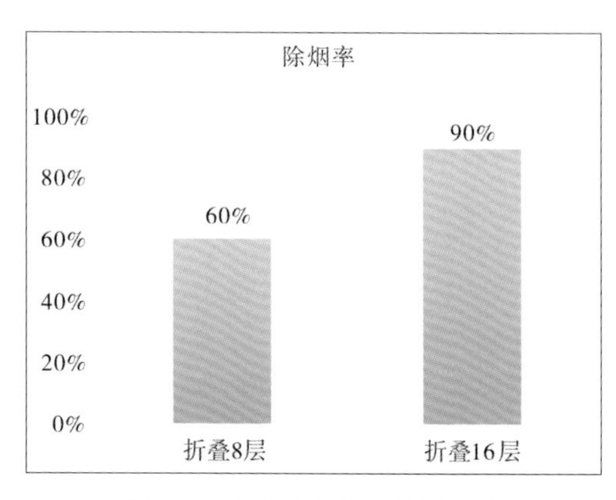

图 6–1　干毛巾折叠后的除烟率

但湿毛巾除烟率增大的同时,也会增大通气阻力,造成呼吸困难,当毛巾的含水量为毛巾重量的 3.3 倍时,人的忍耐时间仅为 1 分 20 秒左右。此外,湿毛巾对火灾烟气中最致命的一氧化碳没有过滤作用。

在火灾初期,无法方便获得防烟面具的情况下,可以将湿毛巾或者口罩拧干后捂住口鼻作为防护手段,争分夺秒地冲出烟火区。在火场浓烟中,毛巾折 8 层为宜,而且湿度不宜过大,使用时要捂住口和鼻,使过滤烟的面积尽量增大(见图 6–2 所示)。

(四)湿布塞门缝

当烟气封锁了逃生通道,无法从房间疏散时,应立即关闭房门,并封堵住所有可能进烟的开口、缝隙,可以使用的物品有棉被、毛毯、地毯、毛巾、衣服等,将这些物品堵在门、窗和其他开口上,再用水浇湿,仔细将缝隙封死,防止烟气从缝隙中进入。然后观察室外火情,努力寻找其他路径或者采用其他方法逃生。

(五)无烟区躲避

如果烟气已经进入房间,则不可在室内久留。应马上退到阳台或者窗口,挥动颜色鲜

防烟面具

湿毛巾捂口鼻、低姿行走

图 6-2　防烟技巧

艳的物品或者大声呼喊向外发出求救信号。还可先想办法让自己能够尽量呼吸到新鲜空气，如砸碎玻璃，打开与外界无烟区域相通的通道、窗户，然后再发出求救信号，或者另想办法逃生。当楼层较低时，可利用室内物品(床单、衣物等)结绳，固定在室内窗框、暖气片等物体上之后，顺绳而下。也可以利用窗边的落水管逃生或者尝试着在窗户或者阳台上架板，爬到邻居家逃生，这样可有效避开烟气的侵害。消防队员入室实施救援时，都是沿着墙边摸索行进的。万一吸入有毒烟气失去自救能力时，应该努力滚到墙边，这样既便于消防队员寻找、施救，也可以避免坠落物砸伤。

成功小案例：哈尔滨天鹅饭店火灾中，就有 9 名中外旅客运用了这种技巧，成功逃生。因高温浓烟的侵袭，他们被逼到窗口，并没有仓皇跳楼，而是从窗口爬到窗外，手攀窗台，脚踩突出墙面仅仅 10 厘米的窗沿，像壁虎般贴在墙上，一直坚持到消防队员冲进火海，实施救援。

当实在无路可逃时，卫生间也可以作为避难场所。卫生间内可燃物少，取水又最方便。可以用毛巾塞紧门缝，取水降温。与床下、阁楼、壁橱等位置相比，卫生间是相对安全的避烟场所。

总之，要积极寻找各种避开烟气侵害的方法，千万不可坐以待毙。要想在滚滚浓烟中获得第二次生命，就必须冷静机智地运用各种防烟手段，积极采取措施进行防护、逃生。

三、选择路线技巧

火灾发生后，尽快寻找正确、便捷的路线是确保成功逃生的一个重要因素。如果盲目跟随他人乱跑乱撞，不仅会造成疏散堵塞，还有可能会被踩压或者走进死胡同，造成疏散延误和群死群伤现象。所以，火灾发生后，要根据自己的判断积极寻找出口，争取宝贵的逃生时间。

(一)冷静寻找安全出口

对于自己比较熟悉的建筑物，人们较容易找到出口。但对于不熟悉的建筑物，在浓烟中寻找出口比较困难。不管进入哪类公共建筑物，第一件事情就应该是确认安全出口和疏散楼梯间的位置。一般大型综合建筑内，都会在醒目位置设置安全疏散指示图(消防疏散图、安全疏散示意图)。看到安全疏散指示图，应通过图例找到所在楼层的安全出口(疏散楼梯间)的位置，分辨自己所在位置(通常图上均会标注)，然后确定两条可以用于疏散的路径。记住疏散路线，做到有备无患，一旦发生火灾，就不会因慌张而盲目跟从他人乱闯，可以为自己节约疏散时间，也可能帮助他人快速脱离险境。

紧急情况下，努力保持头脑冷静，积极寻找“安全出口”。安全出口是指供人员安全疏散用的楼梯间、室外楼梯的出入口或直通室内外安全区域的出口。建筑物内发生火灾时，为了减少损失，需要把建筑物内的人员和物资尽快撤到安全区域，这就是火灾时的安全疏散。现在的建筑物内一般都标有比较明显的出口标志。逃生时，首先寻找公共场所墙壁、顶棚、转弯处设置的“太平门”“紧急出口”“安全通道”“安全出口”等标志，然后借助逃生方向的箭头、事故照明灯、事故照明标志等，快速找到“安全出口”，撤离火场。

(二)善用通道，莫入普通电梯

依据规范设计建造的建筑物，均有两条以上的疏散通道。面对火灾时，为了抢在火魔肆虐之前离开建筑物，很多人可能会立即想到乘电梯。认为电梯的速度比较快，能够节省很多时间，特别是身处高层的人员，更会认为电梯是最迅速的逃生工具。殊不知，这时的电梯是最危险的死胡同(见图 6–3 所示)。

1.火灾发生时，消防控制中心会发出一系列指令，普通客梯会就近停靠或者降至首层停靠。切断电源是应急措施之一，电梯的供电系统在火灾时随时会断电。若此时你恰好在电梯内，就会被困在电梯内，无法向安全出口疏散。

2.电梯竖井是一个垂直通道，一旦被困，烟雾顺电梯井道形成烟囱效应直接通至各楼层，威胁被困人员的生命。楼层越高，抽拔力越强，烟气、火灾蔓延的速度越快。

3.当轿厢停止在某处时，其他楼层的电梯门也联动关闭，消防队员很难实施救援行动。如果强行打开，新鲜空气的进入，反而会为火灾、烟气蔓延扩散打通渠道。

图 6–3 善用通道，莫入电梯

在火灾中，不可乘坐普通电梯逃生，避免断电被困在电梯里。但如果身处高层建筑中，知道消防专用电梯的位置，应该在确保安全或有专业人员(消防队员)引导的情况下，乘坐消防电梯逃生。

(三)光亮未必是希望

紧急危险情况下,人们总是向着有光、明亮的方向逃生,这是人的本能、生理、心理因素决定的。即使很微弱的光亮,也会使人寄予生的希望。但在火场中,光和亮并不一定意味着生存的希望,火场中的光和亮,有可能是“安全出口”指示标志、应急照明等发出的,但在正常照明电源已被切断或发生短路、跳闸时,有光和亮的地方极有可能是火魔肆无忌惮地逞威之地。因此,在黑暗的情况下,切莫瞎摸乱撞,应该辨别哪里才是疏散指示标志的方向,然后通过安全出口、太平门、疏散楼梯间、疏散通道逃生。

四、求救互助技巧

(一)紧急求救

被烟火围困无法自救时,应该尽快向外界发出求救信号,以便他人及时实施救援。火灾现场往往人声嘈杂、能见度差,必须采取有效的方法求救(如图 6–4 所示)。

1.选择阳台、窗口等易于被人发现,并能够躲避烟火危险的地方。

2.白天,可以向窗外挥舞鲜艳的丝巾、衣物,或向外抛出轻型的鲜亮晃眼的物品。

3.晚上,可使用手电筒、带荧光或反光材料的物品,不停地在窗口晃动,或敲击可以发出较大声音的东西,如金属物品,以尽快引起救援者的注意。

4.如果火场外附近有亲人或朋友可以给他们打电话,清楚地描述自己所在位置,方便他们到场后将准确的信息转达给现场施救的消防队员。

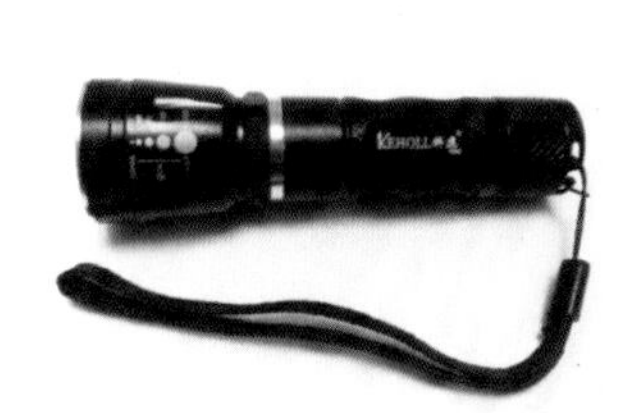
手电筒/应急手电

颜色鲜亮或带荧光的物品

击打金属物品

图 6–4 求救用具

(二)互相救助技巧

“人”字的相互支撑不仅是种美德,也是对生命的极大尊重!其实救助他人也是救助自己!

在火灾现场,如果无组织、无秩序,被困人员由于恐慌,极易出现盲目乱跑、互相拥挤、聚堆甚至互相踩压等行为,造成通道堵塞和不必要的人员伤亡。相互拥挤会大大降低人员疏散的速度，既不利于自己逃生，也不利于别人逃生。火场中，特别是青年人较多的公共场所火灾中，如果有经验的人员能够自发进行疏散诱导，被困的年轻人采取一种自觉自愿的救助行为，组织大家有秩序地快速撤离火场，可以有效避免不必要的伤亡。

1.如当火灾发生时高喊："着火了！"或敲门向他人报警，年轻力壮和有行为能力的人应积极救人、灭火，帮助年老体弱者、妇女和儿童以及受火势威胁最大的人员首先逃离火场，避免混乱现象的发生。

2.在逃生过程中如看见前面的人倒下去了，应立即扶起，对拥挤的人应给予疏导或选择其他疏散方向予以分流，减轻单一疏散通道的压力，竭尽全力保持疏散通道畅通，以最大限度地减少人员伤亡。

五、避难区域等待救援

加拿大有关研究部门试验数据显示，利用一部宽 1.10 米的楼梯，将一栋 30 层建筑的人员(按每层 240 人计算)，疏散到室外大约需要 78 分钟，即便利用两部同样宽度的疏散楼梯，也需要将近 40 分钟。显然要将人员在最短的时间里疏散到室外，存在一定困难。

我国《建筑设计防火规范》(GB50016-2014)规定：建筑高度大于 100 米的公共建筑，应设置避难层(间)(如图 6-5 所示)。第一个避难层(间)的楼地面至灭火救援场地地面的高度不应大于 50 米，两个避难层(间)之间的高度不宜大于 50 米。

所谓的避难层，就是用特殊的阻燃材料建成的一个楼层，地板、天花板、楼梯等都有

图 6-5 避难层等候救援

较强的防火和耐火性，而且避难层的防排烟设计，可以避免烟气进入，使人员免受烟气危害。理论上，只要楼不塌，避难层里人员的安全就能得到保障。对于高层建筑，避难层的设置使得疏散人员可以选择继续通过疏散楼梯疏散还是通往避难区域避难。身处设有避难层(间)的建筑，如果发生火灾不能安全逃到室外，应该选择到避难层等待救援。

提示:避难层并不是绝对安全的场所，它受建筑本身的耐火等级限制。因此，如果火灾发生在避难层以上的楼层，在具备安全疏散条件的情况下，还应尽快疏散到室外安全地区。

第二节 高层建筑火灾逃生技巧

随着经济建设的快速发展，我国各大中城市中的高层、超高层建筑如雨后春笋般建成。高层、超高层建筑的大量涌现，为城市经济建设、商业繁荣带来了生机与活力。高层建筑一旦发生火灾，由于火势蔓延快、扑救难度大，大大增加了逃生的难度。

一、影响逃生的主要因素

高层建筑是城市化、工业现代化的产物，按它的外部形态可分为塔式、板式和墙式；按它的内部空间组合可分为单元式和走廊式。近年来，城市的高层建筑越来越多，高层住宅、公寓，高层宾馆、酒店，高层住院楼等大量涌现。高层建筑一旦发生火灾，极有可能造成较大的经济损失和人员伤亡事故。近年来发生的几起高层火灾事故，使得高层建筑的消防安全问题备受关注，人员疏散问题则成为重中之重，那么，影响高层建筑人员疏散的主要因素有哪些呢?

(一)烟雾扩散快

高层建筑的高度、贯通建筑的管道及竖井使得建筑一旦发生火灾，大量烟雾快速扩散蔓延。据测定，在火风压和烟囱效应的共同作用下，发展阶段的火沿水平方向蔓延速度为0.5~0.8m/s，垂直方向蔓延速度为3~4m/s，50米的走廊只需1分钟左右便会充满烟雾，一幢高度为100米的建筑物，无阻挡时烟雾沿竖向管井扩散也只需30秒左右即可窜到顶部。大范围充烟给人员疏散、逃生带来了极大困难。高层建筑火灾中，烟雾不仅向上扩散，也会向下沉降。高层建筑厅室面积均不大，据测试，房间内着火的话，烟层降至床的高度也只需1~3分钟。因此，高层建筑发生火灾，人很快就会受到烟气侵袭和伤害。

(二)疏散距离长

高层建筑楼层越高，垂直疏散距离就越长，所需疏散时间也越长。

据消防部门测试,训练有素的消防战士从约150米高的楼层疏散至首层需用时十几分钟。住宅建筑住着的人员有青壮年、老人、小孩,也有残障人士,疏散速度相对缓慢,则需要更长的疏散时间。与高层建筑火灾、烟气的蔓延速度相比,人员疏散速度慢100多倍,加上人的疏散方向恰好与烟气蔓延方向相反,一旦疏散楼梯间内充满烟气,人员疏散更加困难,危险性也越大。

(三)人员密度大

高层宾馆酒店、高层住宅建筑、公共建筑因楼层多、体量大,可容纳大量人员,因此火灾时集中疏散的人流密度大,所有人员疏散至室外避难场地的时间也就越长。此外,较大的人员密度,极易发生拥挤、踩踏事故,影响疏散速度。同样,医院住院部、门急诊楼内病人、陪护人员、医务工作人员等各类人群高度集中。一旦发生火灾,疏散过程中人员拥挤,极易造成群死群伤的严重后果。

二、疏散避难知识

高层建筑人口密集、火灾发生后疏散困难、火灾发展快、扑救困难,因此其火灾危害最大,一旦失火往往造成大量人员伤亡和巨额财产损失。为了减少火灾对我们的伤害,应该掌握一些消防安全的常识,以便火灾发生时,可以顺利逃生。

(一)疏散避难设施

高层建筑发生火灾,人员逃生过程中可能利用的较为熟悉的安全疏散设施有安全出口、疏散楼梯、疏散走道、事故照明、安全疏散指示标志等。除此以外,高层建筑还有哪些可用于避难逃生的设施呢?

1.避难层(间)

据了解,2010年上海静安火灾中就有不少人因为不知道避难层和它的用处,盲目地在大楼中穿梭而丧生。

依据现行《建筑设计防火规范》(GB50016-2014),建筑高度大于100米的公共建筑、住宅建筑应设置避难层(间)。为了满足高层病房楼和手术室中难以在火灾时及时疏散的人员的避难需要和保证其避难安全,现行“建规”还规定高层病房楼应在二层及二层以上的病房楼层和洁净手术部设置避难间。

避难层(间)设置的目的是便于人们遇到危险时安全逃生。为了保证真正达到避难效果,避难层设有火灾自动报警系统、自动喷水灭火系统、独立的防烟系统、消防电梯、消防专用电话、应急广播和应急照明等消防设施和设备,此外,除火灾危险性小的设备用房外,避难层不能用于其他使用功能。火灾时不能经楼梯疏散而要停留在避难层的人员可以采用云梯车救援下来。高层住院楼的避难间一般直接利用护理室、活动室等房间设置,为缓解行动不便,危重病患的疏散问题,优先考虑设置在重症、肢体等行动不便的病房附近,为便于消防队员实施救援,通常靠外墙设置。

对于大于54米但不大于100米的住宅建筑，我国现行《建筑设计防火规范》(GB50016-2014)没有强制要求设置避难层(间)，但此类建筑较高，为增强此类建筑户内的安全性能，规范对户内的一个房间提出了要求(见图6-6)。规定：建筑高度大于54米的住宅建筑，每户应有一间房间符合下列规定：①应靠外墙设置，并应设置可开启外窗；②内、外墙体的耐火极限不应低于1小时，该房间的门宜采用乙级防火门，外窗的耐火完整性不宜低于1小时。

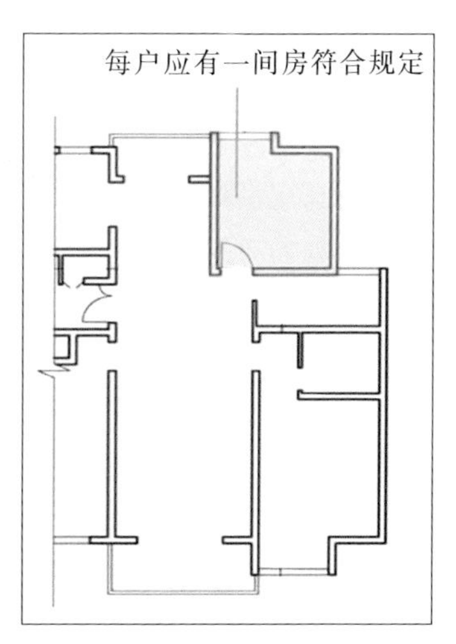

图6-6　户内安全房间示例

身处高层建筑的人员，应该熟悉建筑内的避难层位置，知道自家户内安全性能较好的房间是哪一间。当高层建筑发生火灾时，被烟火困在较高楼层或自家起火被困时，无法通过疏散楼梯间向下疏散时，可尽快退到避难层或安全性能较高且有可开启外窗的房间，根据火灾实际情况，选择开窗求救或等待救援。住院治疗时，陪同亲属应该熟悉就医环境，了解所在楼层的避难间位置及避难间内配备了哪些应急工具，如防毒面罩、毛巾、手电筒等。

2.高层住宅屋面

有两座疏散楼梯的高层住宅，当建筑发生火灾，一座楼梯无法使用时，可以利用另一座楼梯疏散至安全地点。

我国现行《建筑设计防火规范》(GB50016-2014)规定，建筑高度大于27米，但不大于54米的住宅建筑，每个单元设置一座疏散楼梯时，疏散楼梯应通至屋面，且单元之间的疏散楼梯应能通过屋面连通，户门应采用乙级防火门。当只有一座疏散楼梯的建筑高度不超过54米的住宅着火时，沿疏散楼梯无法安全疏散至地面的人员，可以利用通至屋面的疏散楼梯上至屋顶，然后利用相邻单元的疏散楼梯进行疏散(见图6-7)。

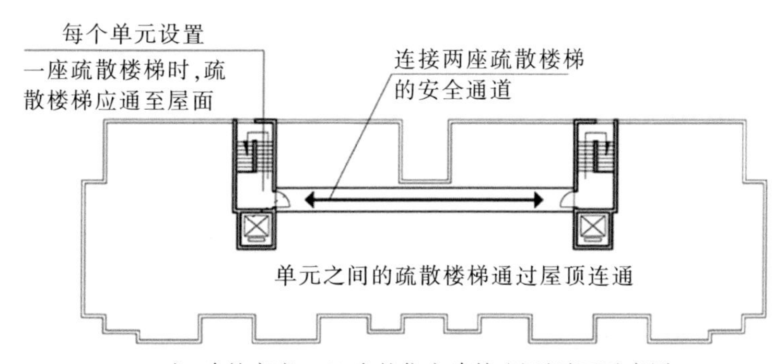

图6-7　疏散楼梯通过屋面连通示例

3.高层公共建筑消防救援口

消防救援口是设置建筑物的外墙上，便于消防队员迅速进入建筑内部，有效开展人员救助和灭火行动的窗口。消防救援口通常与消防车登高操作场地相对应，其窗口的玻璃易于破碎，设置了在室外易于识别的明显标志。

(二)疏散逃生辅助器具

现在很多高档宾馆、酒店内均配备了防烟面罩、自救缓降器、救生绳等救生器材。有条件的高层医院也配备了一些辅助疏散设施及应急救生设备,如缓降器、避难滑梯等。

防烟面罩通常放置在酒店客房、医院病房的柜子里。入住酒店、入院就医时,自己查看一下或询问一下服务台、护士站,是否配备防烟面罩及其放置位置。找到防烟面具应该仔细阅读一下使用说明,以备发生火灾时正确使用。

自救缓降器和救生绳是使用方法较为简单的救生器材。人们应该借助互联网掌握它们的使用方法,一旦入住宾馆、酒店遭遇火灾,借助此类简单的救生器材就可以尽早脱险。

高层住宅居民应积极自备疏散器具,如准备家用消防应急箱(火灾自救逃生箱),并将其放置在客厅的醒目位置。家用箱内应至少配备灭火器、消防灭火毯、防烟面罩、安全钩、高楼逃生绳、求救用口哨、强光手电等物品。

三、逃生技巧

为了减少火灾对自己和家人的伤害,人们除了时刻注意做好火灾预防之外,还应熟悉并掌握科学的火灾逃生方法。逃生方法因人而异、因地而异,运用时切不可将它当成金科玉律般死搬硬套,应该保持冷静的头脑和清醒的意识,根据火灾现场的实际情况,灵活运用。只有这样,在不幸遭遇火灾时,才可以运用这些逃生方法让自己和家人幸免于难,绝处逢生。

(一)熟悉逃生路线

宾馆、酒店的房间及医院病房的门后均有安全疏散示意图。入住、入院后应首先看懂安全疏散示意图,然后按照示意图所示疏散路线找到至少两个安全出口,并确认这两个安全出口的疏散门不需使用钥匙等任何工具即能从内部易于打开。通常,疏散门都是向逃生疏散方向开启的,没有设置具体使用提示标志的门,只要向外用力,就可以打开。

安全疏散示意图一般为一张印有本楼层平面示意的图纸,所处房间的位置(通常为红色圆点或五角星,●或★)及房号均在图上标出,同时有带箭头(通常为红色,⟶)的直线标明自所处房间沿走廊至安全出口(疏散楼梯间)的路线(见图 6–8)。

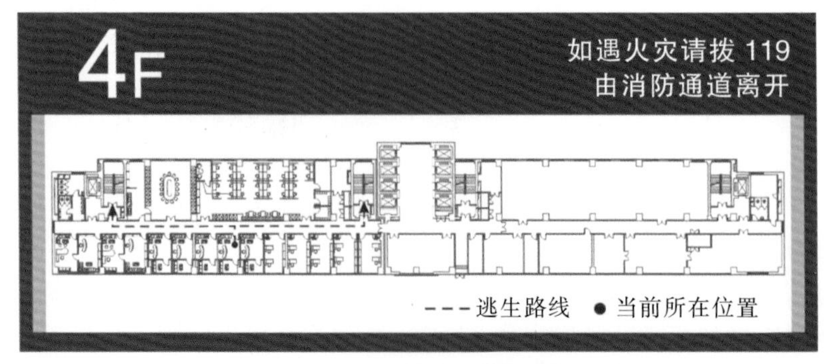

图 6–8 安全疏散示意图示例

(二)选择路径快速逃生

1.利用疏散楼梯逃生

如果起火点在所处楼层及以上楼层,在火灾初期,楼道、走廊没有被大火完全封住时,以最快的速度按照疏散指示标志指示的方向到达安全出口,并利用疏散楼梯逃生。有必要的话,可以把被子、毛毯等物品用水淋湿裹住身体,避免被火灼伤,用湿毛巾捂住口鼻,避免吸入有毒烟气,弯腰降低身体重心利用疏散楼梯逃离火场。

在利用疏散楼梯逃生时,应靠楼梯右侧有序疏散,将楼梯的另一半留给消防队员。高层住宅发生火灾,每一层住户都会有人员涌入楼梯间,疏散通道内人员较多时,一定不能争先恐后,造成人员的恐慌,导致堵塞或倾倒。发生堵塞或踩踏事故,反而会延长疏散时间,增大安全疏散的困难。

2.利用消防电梯逃生

我国现行《建筑设计防火规范》(GB50016-2014)规定,建筑高度大于 33 米的住宅建筑应设置消防电梯。消防电梯拥有独立电源,一旦着火断电,消防电梯就会自动启动另一电源以及电梯内用于逃生的设施,维持 24 小时不断电。高层设置消防电梯的主要作用是:供消防人员携带灭火器材进入高层灭火;抢救疏散受伤或老弱病残人员;避免消防人员与疏散逃生人员在疏散楼梯上形成“对撞”,延误灭火时机,影响人员疏散。

当超过 33 米的住宅建筑着火后,应该在确保安全或有专业人员(消防队员)引导的情况下,乘坐消防电梯逃生,这样可以大大节约逃生时间,增加成功的机会。要想利用消防电梯逃生,就必须能够分清消防专用电梯与普通电梯,知道消防专用电梯的位置。

消防电梯一般的外观识别是设置在首层或电梯转换层的迫降按钮,常见的产品上会有火灾时击碎玻璃、按下等提示性标识。

3.自制或借助其他器材逃生

高层建筑发生火灾时,要学会利用现场一切可以利用的条件逃生,要学会随机应变,千万不要盲目跳楼。

结绳自救。利用结实绳索自救,如一时找不到可将被罩、床单、窗帘撕成条状,拧成足够结实的绳,接好,一端固定在牢固的窗框、床架、暖气片等物体上,然后缓缓而下。所处楼层较低时,可以直接缓降至地面,若楼层较高,可以缓降至烟火尚未蔓延的楼层, 通过阳台或窗户进入较低楼层,然后再通过疏散楼梯逃生(见图 6-9)。

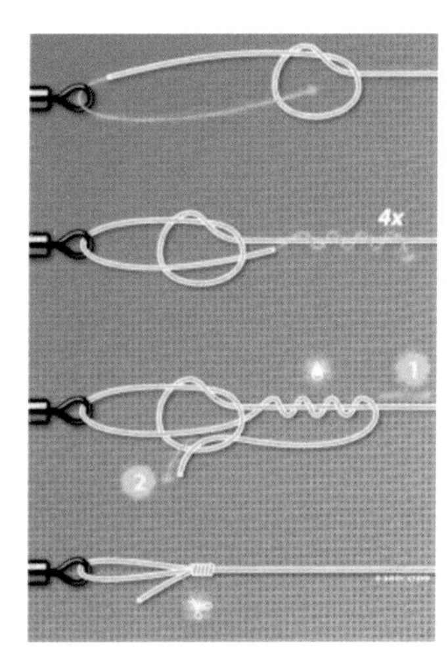

图 6-9

利用窗户逃生。从窗户逃生的前提条件是火势不大,且还没有蔓延到整个单元,同时受困者对室内的情况较为熟悉。具体做法是:将绳索一端系于窗户横框或室内其他固定构件上,另一端系在腰间或者腋下,然后通过相连的阳台向隔壁没有起火的邻居家逃生。

利用阳台逃生。当房门、楼梯或过道被浓烟烈火封锁、人被困在房间内无法逃生时,若此房间恰好带阳台,应首先确认阳台外侧尚无烟火,然后退身至阳台,并紧闭与阳台相通的门窗,站在阳台上避难,用鲜艳醒目的物品、口哨或大声呼喊的方式发出求救信号,等待消防人员的救援。条件允许的话,可以攀缘阳台边的落水管等管道向下逃生,或者逃往邻家的阳台。高层单元住宅建筑从第七层开始每层相邻单元的阳台相互连通,在此类楼层中受困,可拆破阳台间的分隔物,从阳台进入另一单元,再进入疏散通道逃生。

除此以外,还可以利用窗外的雨水管、流水管、避雷针等建筑外墙上的垂直管道攀缘而下,利用事先准备好的消防应急包中的窗外逃生装备,逃离火灾区域。

(三)做好防烟,等待救援

无论采取哪种方式逃生,一定要注意防止烟气中毒,利用淋湿的毛巾、口罩或衣服捂住口鼻,采用低姿行走或匍匐爬行的方式,减小烟气的伤害。若被困于房间内时,应该用浇湿的被褥、窗帘等物品封住门缝,以阻止烟气、火势的蔓延。一旦撤离火场,千万不要再返回火场救人或者拿东西。

受困于建筑物内,实在没办法向外逃生时,应该做好个人防护,选择不受烟火侵袭的消防救援口、阳台等处等待救援。1974 年 2 月 1 日,巴西圣保罗处大楼发生大火时,有 41 人就是因躲在阳台或挑檐上,被消防人员用云梯车解救下来幸免于难的。

(四)不同部位起火应对措施

入住高层宾馆酒店、就医入院,所在房间突然起火,应根据现场实际情况,采取正确有效的行动,尽快脱离险境。

1.所在房间起火如何应对

火灾初起时,应保持冷静,尽量边扑救边报警。关闭房间的门窗,减少空气对流,降低火势增大的可能。利用卫生间的浴巾等物品浸湿后覆盖着火物品,再继续往上浇水,小火熄灭在萌芽状态。切不可惊慌失措,将小火酿成大火。

初期灭火的行为一定要控制在 3 分钟内,如果 3 分钟内初期火并未扑灭,则应立即放弃灭火,尽快逃生。如果火势开始变大,已无法自己扑灭,则立即撤出房间。撤离房间时,应随手关闭房门,将烟火封闭在房间内。向安全出口疏散时,应敲打途径房间的门,并大声呼喊“着火了”……同时,疏散路线上若有火灾报警按钮,应按下按钮报警。

如果火势开始蔓延,此时应保持镇静,所住楼层较高时,切不可盲目跳楼。在火势未完全封锁房门之前,将淋湿的棉被、较厚的衣物披在身上,并同时做好防烟后,冲出房间,并随手关闭房门,延缓火势向外蔓延,赢得更多逃生时间。

如果可以从房门逃生,不应贸然打开窗户。突然打开窗户,由于新鲜空气带来大量氧气,本来较小的火苗会突然变大,反而造成火势的蔓延。如果房门已被烟火封锁,应该首先切断火势可能蔓延的途径,如拉掉窗帘等易燃物品,然后打开窗户,做好个人防烟,利用身边醒目的物品,或大声呼喊、敲打物品等方式发出求救信号,等待救援。

如果已经被烟火逼到窗口,也不应绝望,应从窗口爬到窗外,可以脚踩凸出墙面的窗沿、空调室外机台，手攀窗台，身体紧贴外墙，坚定信心，等待消防员施救。如果受烟气侵害已失去自救能力，则应该滚到与火势蔓延方向相反的墙边，等待救援。

2.邻近房间或走廊起火如何应对

在不知外面火情时，切不可轻易打开房门。应先用手背触摸房门的把手，通过温度来判断火情，然后再确定自己如何逃生。

如果房门不热，说明烟火距离所在客房较远，应首先做好防烟，如用浸湿的毛巾捂住口鼻，打开房门借助疏散通道逃生。疏散时，应听从工作人员的口头、广播引导，切不可自以为是，不听劝告盲目疏散。因为，工作人员大多接受过消防安全培训，有火灾应急疏散演练经历，而且有些工作人员还可能是单位的志愿消防员。

如果房门把手已经很热，说明外面的火势较大，则应迅速用水浸湿床单、毛巾等，堵塞房门的缝隙阻止烟气窜入，暂避客房内，等待消防队救援。若窗外尚无烟气，则可开窗发出求救信号。

3.其他功能厅室起火如何应对

宾馆酒店的餐厅、会议厅、娱乐厅等其他功能的厅室面积较大，由于厅室内人员较多，一旦发生火灾，有可能发生混乱。此时，一定要保持冷静，不应惊慌。此类厅室，通常均有两个或两个以上安全出口。应尽快确定安全出口的位置，并根据起火位置，选择离起火点较远的安全出口撤离。疏散时应有秩序，如果现场有人引导，则应听从指挥，避免造成安全出口拥堵，影响顺利疏散。

四、家庭逃生计划制作指南

“家庭逃生计划”的倡导起源于美国、加拿大、澳大利亚、新西兰、日本等国家。家庭逃生计划的制订和演练，是大大降低家庭住宅火灾死亡人数的有效方法。火场逃生方法具有一定的普遍性，熟练掌握各种家庭逃生方法的人，如果在其他类型建筑内遭遇火灾，能灵活运用掌握的逃生方法，就可能成功自救或者挽救他人生命。

十多年前，“家庭逃生计划”也开始进入中国的家庭。家庭逃生计划不仅会在家庭火灾中指导家人成功逃生，还能提高家人的防火意识，从而有效降低家庭火灾发生概率。如果每个家庭的所有成员都能做到积极学习逃生知识和技能，积极制订家庭逃生计划，就会提高整个社会的防火意识和火场逃生能力，进而大大减少火灾的发生及火场伤亡人数。

为了使您及家人免受火灾伤害，请大家立即动手制作一个家庭火灾逃生计划吧！

通常，家庭逃生计划的制订包括以下几个主要步骤。

(1)准备住宅平面图。

(2)标出所有可能的安全出口。

(3)为每个房间设计两条逃生路线。

(4)关注火灾中需要帮助的成员。

(5)确定安全集合地点。

(6)逃生计划的演练。

(7)实施逃生计划。

有实例证明,家庭逃生计划会大大提高家庭成员安全逃生的概率。家庭逃生计划一定要由全体家庭成员一起制订,这样不仅可以集中所有成员的智慧,还可以使每个成员对计划了如指掌,有利于计划的正确实践。下面就具体介绍一下如何制订家庭逃生计划。

(一)准备住宅平面图

准备带网格的稿纸或图纸,按照住宅建筑的实际布局画出每层的平面图 (如图 6-10)。平面图的线条应简洁,门、窗的位置要正确。

(二)标出所有可能的安全出口

在平面图上标注所有的房门、窗户、楼梯,以便紧急情况下所有家庭成员对家里的逃生路线一目了然。另外,一定不要忘记标注户门外可以利用的疏散楼梯,因为一旦发生火灾,户门外的疏散楼梯很可能是逃生的必经之路。

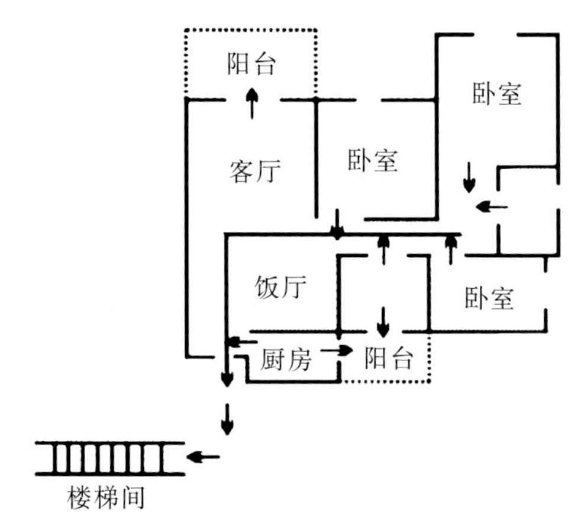

图 6-10 住宅平面图示例

(三)为每个房间设计两条逃生路线

所制订的逃生计划应能保证家庭成员无论在家里的哪个房间、哪个位置,都应至少有两个逃生出口:一个是门,另一个是窗户或阳台。这样做的目的是,当房门被大火和浓烟封堵时,便于家庭成员利用窗户或阳台逃生。因此,所有家庭成员都应该清楚地知道可以逃生的路线。此外,住户在安装护栏、防盗门等的时候,不但要考虑防盗,还应考虑逃生。如果阳台或窗户加设了护栏,应在窗户和阳台护栏适当地方留下活动开口,便于在紧急情况下开启逃生。平时还应加强快速开门、开窗的练习。

(四)关注火灾中需要帮助的成员

婴儿、小孩儿、残疾人员或者老年人是家庭中的弱势人员,在火场逃生过程中,他们需要特殊照顾。因此,在制订家庭逃生计划时,应考虑到这些因素,应事先规划好如何帮助、照顾他们尽快脱险。事先合理规划可能为紧急情况下的疏散逃生争取到关键的几分钟,有可能决定家庭逃生的成败。家庭成员应共同讨论解决办法,最好将责任分配给家中比较强壮的人员,如果有多个成员需要照顾,一定要明确人员分工,这样在紧急情况下大家都知道自己该做什么。

受惊吓的小孩儿容易藏到衣柜里或者床底下。所以家长应该告诉孩子这种行为的危险性,鼓励其逃到室外。家长应让孩子们学会报警,报警时让其熟练地说出自己的家庭住址,以及发生火灾的位置等。

（五）确定安全集合地点

在制订家庭逃生计划时，应确定一个全家人逃生后的集合地点，该地点应比较安全、固定（不应是可以被移走的东西，如车）且容易找到。可以是建筑外的一棵树、一个公交站、小区门口等。家庭成员成功逃生后应立即到指定的这个集合地点会合，这样可以很快确定所有家庭成员是否全部成功逃生。此外，由于约定了集合地点，不但可以避免家庭成员在逃出后互相寻找，还能有效避免家庭成员重新冲进火场救人。一旦确认有家人被困室内，应立即告诉消防队员他（她）可能在的位置，家庭成员无论如何都不能重返火场。

（六）逃生计划的演练

要确保家庭逃生计划在紧急情况下可以有效实施，需要全体家庭成员都熟悉逃生计划，因此逃生计划的演练非常重要。具体的演练内容如下。

（1）将家人召集在一起，家庭成员应各自画出自己家的平面图，并在图上标出一般逃生路线和紧急逃生路线、门、窗、楼梯等。

（2）让大家都回到自己床上，将灯全部熄灭，每个成员练习从各自房间徒步走向逃生出口。

（3）练习夜间叫醒其他家庭成员，比如大声喊“着火了”。

（4）让家庭内每个成员都熟悉逃生时自己应该做的事情。

（5）让每个家庭成员懂得哪些行为不可取，比如不可盲目跳楼，不要乘坐普通电梯逃生。

（6）根据事先的计划进行逃生（在烟层之下爬行、用手试门的冷热、在室外指定地点集合等）。

（7）熟悉所在建筑物的疏散通道及安全出口位置。

（8）从火场中逃出后到达集合地点的家人，练习报警。

家庭逃生计划每年应至少演练 1~2 次，演练过程中发现的不足应及时更正，以便一旦真的发生火灾，家庭成员能够准确、快速地成功逃生。

（七）实施逃生计划

实施逃生计划时，应牢记烟气的危害！

据调查，大多数住宅火灾发生在晚上 8 点到早上 8 点之间。死亡事故大多发生在午夜至凌晨 4 点之间，因为这个时间大部分人都已经进入深睡状态。据《中国消防年鉴》（2011—2013）显示，我国每年发生住宅火灾起数约占当年火灾总数的 30%，造成的人员死亡数将近全国火灾造成死亡人数的 60%。无论什么原因造成的火灾，家里一般都会充满大量的烟气，浓烟和有毒气体可能使人连自己居住的房间门也找不到，因此实施逃生计划时，防烟尤为重要。

此外，专家提示，住宅发生火灾，居民首先考虑的应该是如何安全逃生。除非是特别小并较容易灭的火，家人可以实施灭火，否则应该把扑灭火灾的任务交给专业人员。

完善的家庭逃生计划还应包含火场逃生的小知识，这些小知识应有效可行，并易于实施。

(1)注意防烟:赶紧趴下,爬到附近出口逃生。

(2)在开门之前,先用手背试试门。如果门不热,则慢慢将门打开,出门后应立即关闭房门。如果门已经很热,则不要打开。然后爬向第二个出口。

(3)如果被困室内,应该用床单、毛巾、衣服等将门缝堵死,把烟气挡在门外。

(4)应立即拨打"119"报警,清楚地叙述起火的确切位置(即使消防队员已经到达了现场)。

(5)根据实际情况选择利用窗户附近的柱子、落水管、低一些的屋顶等逃生或等候救援。

(6)在窗边或阳台等候救援时,用鲜艳的床单、手电或者其他易被发现的东西向外发出求救信号。

图 6-11 给出的是夜晚家庭紧急逃生技巧流程图,它比较清楚地列出了夜晚家中发生火灾后人们应该采取的逃生步骤和方法。

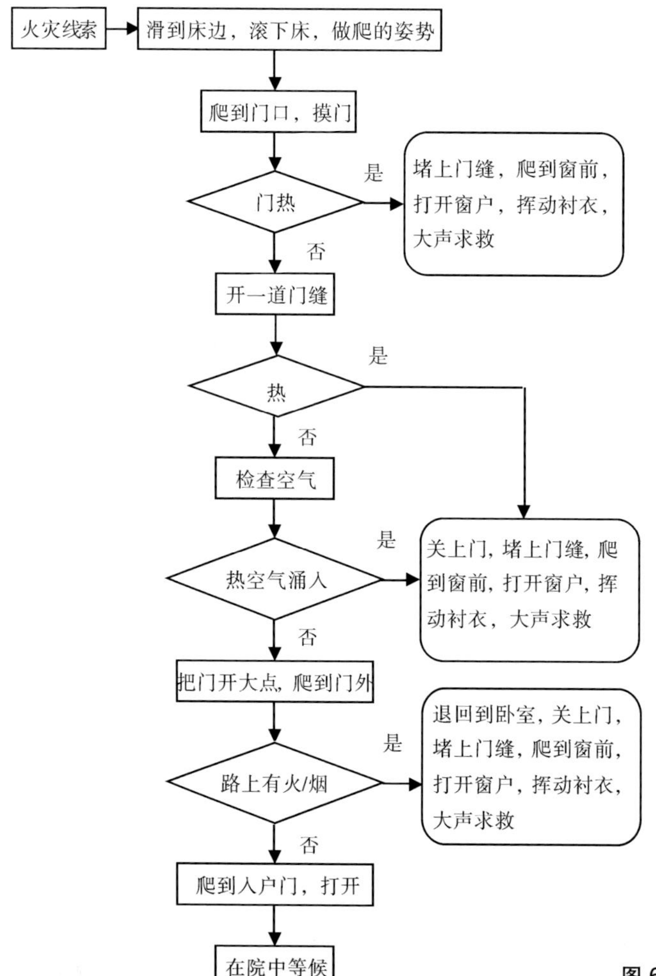

图 6-11　夜晚家庭紧急逃生技巧流程图

五、医院自救与互救

建筑的垂直疏散以疏散楼梯为主，大型综合医院的高层病房楼采用防烟楼梯间，且每个防火分区设有消防电梯。防烟楼梯间能在火灾时防火，不积聚烟气，更好地保障人员疏散的安全。有些医院将消防电梯兼做货梯或污物梯，就医及陪护人员应能够识别消防电梯。火灾时，在确保安全或有专业人员（消防队员）引导的情况下，也可乘坐消防电梯疏散逃生。此外，身处医院的门急诊楼，可借助封闭楼梯间向下疏散。

（一）重症病人的疏散

患者是逃生弱势群体，自救逃生能力差，特别是危重患者、骨折病人、瘫痪病人、手术后患者等特殊人群，火灾时无法自行疏散，必须在医务工作人员或陪护人员的保护帮助下首先疏散。

疏散行动不便的患者可以利用担架、轮椅或病房内的推车式病床。医护人员或陪护人员应借助消防电梯将病人疏散至安全区域。被烟火围困无法通过疏散通道时，可以暂时在避难间或阳台、外走廊（连通阳台）避难，等待消防队员的救援。

陪护人员应熟悉推车式病床的使用。下面简单介绍一下病床的制动闸、制动杆解除制动的方法，如图6-12。

（1）手摇病床制动闸：用脚或手下压动闸时为制动，上抬为松开。

（2）新式病床中控制动脚轮：床尾板下方有一个框型结构的铝合金制动杆，将制动杆向下踩或向上抬就可以实现制动和解除制动。

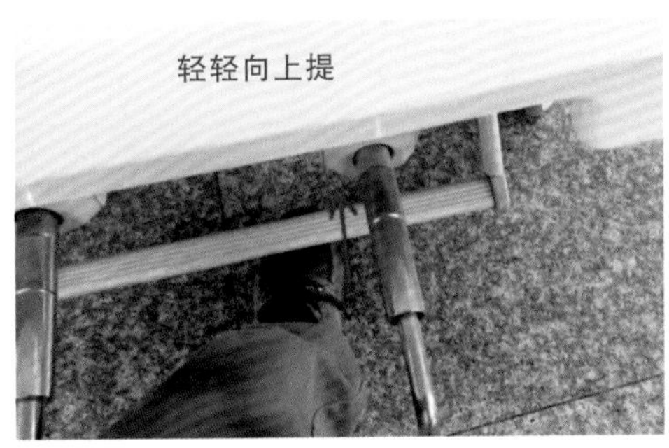

图6-12　制动解除

（二）互助逃生

（1）重病患者可以通过呼喊、按动床头呼叫器按钮等方式引起救援人员、护理人员、陪护人员注意，便于救援人员快速确定受困者位置，实施抢救。

（2）向外疏散时，要互相帮助，对老、弱、病、残、孕、儿童及不熟悉环境的人要搀扶、引导。

（3）对于行动不便的人员，因惊吓、烟熏、火烧而昏迷的人员，应采用背、抱、抬的方式实施救援。

(三)自救逃生

(1)病房发生火灾,陪护、探视人员应立即按下床头呼叫器按钮呼叫医护站医务人员,同时边报警边实施初期灭火。医务人员或陪护、探视人员应利用病房、疏散走道内设置的消防器材,如干粉、泡沫灭火器或水枪实施灭火。

(2)进入走道的人员应边向疏散楼梯方向疏散,边大声呼喊,通知整个楼层病房及医护站内人员向外疏散。

(3)医院启动灭火和应急疏散预案后,应按照预案演练实施科学的疏散。单位的志愿消防队员及经过消防安全培训的医护人员做好心理疏导及疏散诱导,确保现场人员有序疏散,防止发生混乱。

(4)就医、陪护、探视人员应听从医护人员及志愿消防队员的疏散引导。

六、良好的行为习惯

在高层建筑的较高楼层,应该时刻保持警惕,强化隐患意识,养成以下良好的行为习惯,在身处险境时,或许能够拯救自己和他人的性命。

(1)确保门和窗户都能在紧急情况下快速打开;如果窗户和阳台装有安全护栏,应在护栏上留出一个逃生口。

(2)确保房间内、楼道内没有妨碍疏散的障碍物。

(3)睡觉时将房门关闭,万一发生火灾,可以推迟烟气进入房间的时间。

第三节 大型综合体火灾逃生技巧

随着社会经济发展的进步,大型商业综合性建筑大量涌现,建筑的功能更加齐全,往往集购物、餐饮、娱乐于一身。此类场所体量大、建筑面积广、储货量多、人员密度集中,其内部装饰豪华、商品高档且种类繁杂。易燃可燃材料多,电气线路繁杂,使得该类场所的火灾危险性更大,人员密度大则直接增加了人员疏散的难度,一旦发生火灾,极有可能引起混乱,造成人员伤亡。

一、影响逃生的建筑特点

首先,让我们了解一下此类场所影响逃生的建筑特点有哪些?

(一)形式多样、结构复杂

大型综合体规模越大、功能越多,建筑结构也就越复杂,身处其中,犹如进入迷宫,极易迷失方向,人员疏散的难度也越大。

(二)装饰豪华、可燃物多

场所内部商铺的物品大多摆放比较密集,且多为可燃、易燃物品。综合体的规模越大,其结构也就更加复杂,功能更加齐全,物品种类更加繁多,装修也更加豪华,可燃物的数量大大增加。

(三)功能复杂、危险性大

大型综合体内设置有许多餐饮功能商铺,使得前来购物、娱乐的人们在场所内逗留时间更长,而餐饮类商铺明火操作,所用燃料及电气线路等使得场所的火灾隐患更多,火灾危险性更大。

(四)人员密集、疏散路线长

场所内人员组成复杂,人员密度较大,且大多数人员不熟悉疏散路线。一旦发生火灾,现场的烟火干扰人员疏散,恐惧、从众等心理也严重影响人的行为。此外,这类场所空间较大,营业厅内设置柜台及商品展柜等,使得从营业厅内至任何一个最近的安全出口的实际行走距离超过 30 米,甚至更远。如果场所内疏散指示标志设置不够合理,也会增加人员疏散的实际行走距离。

二、疏散避难设施

大型商业综合体突破了传统商场的经营和建筑模式,由于其火灾危险性高于其他商业建筑,加上此类建筑的设计往往超出现行国家规范的要求,使得大型商业综合体防火安全,尤其是火灾安全疏散问题已经成为相关设计者、从业者研究的热点。

要具有哪些知识储备,才可能增大成功逃生的机会呢?

(一)亚安全区

建筑设计必须在保证建筑合理利用率和最大程度合理减少资金投入的同时,确保建筑的消防安全性能,亚安全区就是在这种理念下应运而生的。相对于安全区,亚安全区即在建筑内划定特定的区域,通过强化区域内的安全措施,提高这一特定区域的安全度,将建筑内的人员疏散到"亚安全区",即可视为相对安全,再通过"亚安全区"的疏散设施到室外安全地点。这种方式的疏散模式也称之为"阶段性疏散"。要形成亚安全区,主要是使用有效地防火分隔措施把步行街与商业区域分隔。

(二)疏散指示系统

大型综合体发生火灾时,保证人员快速安全疏散最有效的方法,就是由熟悉建筑物内部结构的人员进行疏散诱导,疏散诱导员引导人们快速疏散撤离或进入相对安全的区域。但是,这种人员的数量往往不能得到保障,完全依靠人员的指示也不太现实,所以依靠疏散指示设备,让受困人员以最快的速度,经最佳疏散路径疏散至安全区域是较为合理、科学的方法。

大型综合体在疏散走道及其转角处距地面高度1米以下的墙面或地面上设置有灯光疏散指示标志,在疏散走道和主要疏散路径的地面上增设保持视觉连续的疏散指示标志或蓄光型辅助疏散指示标志。

智能型消防应急照明和疏散指示系统,在火灾发生后,系统能够接收火灾信号,发出指令点亮应急照明灯,并智能化地调整疏散方向,为群众指出安全快捷的逃生路线,从而保证群众生命安全。

三、逃生技巧

大型综合体具有如此多的不利于疏散的因素,一旦发生火灾怎么办呢?

(一)确认安全出口和疏散楼梯间位置

大型综合体不同于其他建筑物。这里人员密集,可燃物密集。一旦发生火灾,容易造成重大人员伤亡。建筑发生火灾,最重要的是尽快疏散逃离到室外安全地点。所以,必须养成进入此类场所首先确认安全出口和疏散楼梯间位置的良好行为习惯,千万不要只关注琳琅满目的商品。

确认安全出口和疏散楼梯间的位置的方式有多种。

(1)借助“安全疏散指示图”。

(2)环顾四周,寻找“安全出口”疏散指示标志。

(3)询问现场工作人员。

(4)沿疏散走道和主要疏散路径地面上增设的保持视觉连续的灯光疏散指示标志或续光疏散指示标志指示寻找(见图6-13)。

图6-13 地面灯光疏散指示标志

(二)利用疏散通道逃生

疏散楼梯是发生火灾时，最主要的竖向疏散途径。场所内设置有疏散楼梯间，其形式有敞开式楼梯间、封闭式楼梯间、防烟楼梯间，有的场所还设置有自动扶梯、电梯等。火灾时，沿场所内设置的疏散指示标志，均可以到达楼梯间向通往室外的安全出口疏散。此时，切不可乘坐普通电梯、自动扶梯，以免受困于普通电梯，或者因自动扶梯突然停止造成人员倾倒、踩踏事故。消防电梯主要作用是帮助消防员能快速到达起火楼层，展开救援而设计的。一般情况下，不应借助消防电梯逃生。

(三)听从指挥有序疏散

大型综合体人员密集，至少每半年组织一次消防演练。发生火灾时，若有场所内工作人员进行疏散诱导，应听从其指挥，有序地进行疏散。大型综合体发生火灾时，最可怕的是恐慌，只有尽量保持沉着冷静，才能使自己有敏锐的判断力和观察力。工作人员对现场最熟悉，受困人员应保持冷静，听从工作人员的指挥，有序疏散。正确及时地疏散诱导，既可以避免拥挤踩踏事件，还可以节省疏散时间。

(四)其他逃生技巧及注意事项

(1)保持冷静，不要惊慌。发现异常，及时通知现场工作人员。

(2)借助建筑外壁凸出物逃生。利用落水管、墙体凸出部位、门窗等逃生或者中转至安全区域再设法逃生。

(3)暂时避难，切记跳楼。无路可逃时，室外阳台、窗台外沿、建筑物的屋面(楼顶)等均可以作为临时避难处所。此时，还应该积极求救，大声呼喊或挥动颜色鲜亮或反光的物品。

(4)疏散过程中还应注意帮助照顾老年人和残疾人。不能把婴幼儿放在儿童车里推着跑，而应背着或者抱着孩子进行疏散，千万不要顾及儿童车。对于稍大一点的孩子，鼓励其自己行走，但大人不应松开孩子的手。

(5)切忌重返火场。如果在疏散出建筑物之后发现自己的亲人、朋友或者什么贵重物品还在建筑物之内，那也不能重新返回，而应告诉消防队员，请求其帮助救援。如果开私家车购物，千万不要因为心疼车，而贸然重新跑进去，企图把车开出来，因为火势千变万化，若火已经蔓延至地下停车场，随时可能发生轰燃、爆燃。

第四节　大型活动、体育场火灾逃生技巧

广场、体育场作为一种普通的公众聚集场所，主要用于举办各类群众性活动或重要的体育赛事、政治集会、大型文艺演出。各类活动规模较大，人员密度大，活动所需设备众

多，现场消防安全管理稍有疏忽就可能发生火灾、踩踏事故，会造成大量的人员伤亡。

一、大型群众性活动的主要特点

（一）人员高度集中

广场举行的大型群众性活动，短时间内将大量的人员聚集在有限的空间，参加活动的人员大部分都不熟悉所在场地环境的安全情况，不了解活动中应注意哪些安全事项。

（二）临时搭建存在安全隐患

为了满足活动的需求，临时搭建构筑物，如临时主席台、临时舞台、临时看台等。为了大型活动的视觉、听觉效果，活动所需的灯光、广播设备设施（照明线、广播扩音设备电源线等）往往为临时拉接电源线。现场临时的搭建物和设备设施，大多没有经过试运行，更没有进行安全检验，活动举办过程中很容易出现一些不安全状态。

（三）疏散指挥困难

举办大型社会活动涉及的单位多、部门多，协调和沟通比较困难，容易出现安全管理盲点和死角。参加活动的人员众多，人流密集，一旦发生火灾，即会造成大范围人群恐慌，情绪失控，管理者很难有效控制局面和事态发展，更难于实施现场指挥，极易造成踩踏甚至重大群死群伤事故。

二、影响逃生的因素

2008年北京申报奥运会以来，我国兴建了许多大型体育场。大型体育场的最大特点是人员密度的高度集中，这是影响疏散效率的重要因素，一旦发生火灾等突发事件，场内人员因恐惧心理、从众心理很容易涌向同一个出口，造成出口局部的人员密度瞬间增大，甚至完全堵塞，降低人员疏散速度，极易发生人员踩踏，导致重大伤亡事故。

体育场内部比赛场地、观众席、设备用房等通过过道相互连通，发生火灾后，火势凭借良好的通风条件，向其他地方蔓延的速度极快。而大空间建筑的特点造成人员疏散距离较长，通常除首层最外层房间人员可以通过开向室外的安全出口直接疏散到体育场外的安全地带，其他房间、比赛场地及观众席等部位的人员疏散普遍不能满足规范要求。

近几十年，国内大型社会活动在规模、人数、活动频次上都呈现出增长和发展的趋势。据统计，2004年仅北京市举办的单场次1000人以上的大型活动就有6000余场次。

大型社会活动通常具有人员密集，形式多样，财、物相对集中等特点。因此，不安全因素较多，不确定性突出。对于开放空间中的人群聚集场所，火灾危害属于常见的重大危险源，一旦发生火灾，难以控制。人员的恐慌极易引发踩踏事件、火灾蔓延事件，直接影响参加活动人员的疏散速度。

三、逃生技巧

（一）熟悉环境，至少确定两条疏散路径

为了满足大型活动的需求，临时搭建舞台、看台、设施设备用房等，将原本空旷的活动场地分割成不同的功能区块，不同区块之间留出安全疏散的通道。一旦发生火灾等意外事故，现场人员就只有通过疏散通道撤离。因此，到达活动场地，首先应熟悉自己所在位置、周围通道情况及活动场地以外道路布局，有条件时，应该确定两条疏散路线、与亲朋集合的安全地点。如果是晚上举行的活动，这一点更加重要。

大型体育场建筑造型多样，内部结构特殊，布局较为复杂，行走在其中很容易“迷路”。因此，为了确保发生火灾等突发事件时可以迅速疏散至户外，应该在进入体育场时，记住自己座席所处的位置，环顾四周至少确定两条疏散距离较短的路径，以便需要时缩短疏散时间，做到有备无患。

（二）警惕突发事件

大型群众性活动、体育比赛及场馆内举办大型演唱会时，现场气氛异常热烈，参与活动的人员或观众沉浸于活动现场、赛事进程或精彩的表演，往往会忽略一些不正常的现象。

1985 年，发生在英国英格兰布拉德福体育场的火灾就是一个警示实例。该次火灾造成 56 人死亡，多人受伤。当时本来有很多观众明明知道发生了火灾，但还坐在那里继续观看球赛，等意识到非疏散不可的时候，已经错过了最佳逃生时间，酿成惨剧。所以，在参加活动、观看比赛、欣赏表演时，应该提高警惕，发现不明的烟气或火光，应立即警觉，确认是否有火灾发生，切不可不加理睬，将自己的生命置之度外。

警惕突发事件正确的做法如下。

（1）预先了解活动内容，知道可能存在的隐患。如为了渲染气氛在表演过程中使用的烟、火等。

（2）活动期间出现烟、火或使用了其他可能产生烟、火的物品，应立即提高警惕，切莫只沉浸在对表演节目的欣赏中。

（3）所处位置附近如有临时拉接的照明灯具、电线、燃气器具等，应警惕灯具、电线过热或燃气起火。

（4）一旦发现有异常现象，应该立即开始疏散，不要继续观望。

（5）参加烟花、灯会等活动时，与展品保持一定距离，不应进入不易撤离的长廊中，特别是由各类展品搭建的长廊。

(三)有序疏散,防止发生踩踏

广场大型活动中,一旦确认起火或发生其他意外,如爆炸、高空坠物、搭建物倒塌等,短时间内大量人员一同疏散,极易发生拥挤踩踏事故。因此,听从现场工作人员的指挥,有秩序地安全疏散,防止拥挤、踩踏尤为重要。若现场没有人员指挥疏散,应积极应对,保护自己。

(1)发觉拥挤的人群向着自己行走的方向拥来时,应该马上避到一旁,但是不要奔跑,以免摔倒。

(2)遭遇拥挤的人流时,尽量保持身体重心稳定,一定不要采用体位前倾或者低重心的姿势,即便鞋子被踩掉,也不要贸然弯腰提鞋或系鞋带。

(3)若身不由已陷入人群之中,一定要先稳住双脚。如有可能,抓住一样坚固牢靠的东西,例如路灯柱之类,待人群过去后,迅速而镇静地离开现场。切记远离店铺的玻璃窗,以免因玻璃破碎而被扎伤。

(4)如果路边有商店、咖啡馆等可以暂时躲避的地方,可以暂避一时,切记不要逆着人流前进,那样非常容易被推倒在地。

警示案例:2005 年 1 月 5 日, 印度西部马哈拉施特拉邦萨塔拉市郊区瓦伊村曼德拉德维神庙在举行大型宗教集会活动时, 附近一家临时商店因电线短路引发大火,引起人们的恐慌,朝圣者纷纷夺路而逃,导致踩踏事件发生,造成 300 多人死亡、数百人受伤。

大型体育场跨度大、空间大,人员密集的看台均匀设置十几甚至几十个疏散口,发生火灾时,如果现场有组织地有序疏散,不发生互相拥挤、堵塞安全出口的现象,会大大节省疏散时间,观众可以成功的疏散。大型体育场内看台均为阶梯状,如果互相拥挤,极易发生踩踏事故。因此,发生火灾时,应保持冷静,听从现场疏散引导人员的指挥,若无工作人员指挥时,不要盲目从众,应观察一下人流汇聚的情况,根据火情、烟气蔓延情况,选择人员较少、距离较近的安全出口疏散。

(四)注意个人防护

大型体育场净空较高,看台上方的罩棚有较大的蓄烟能力,因此靠近顶层的座席最先被烟气淹没,所以,这些位置的观众在撤离火场前应注意防烟。

如果大型活动搭建的罩棚或体育场的罩棚被引燃,罩棚下方未疏散的人员,应做好防护避免被燃烧掉落物砸伤、灼伤,或引燃衣物。

(五)切忌重返火场

体育场有赛事、表演时,人员高度密集,逃生比较困难,重返者逆流而上,既阻碍他人正常疏散,又容易引起他人反感的情绪,对人员疏散起负面影响。此外,重返者很可能还没有“返”回去就被火焰和烟气夺走了生命,或被涌出的人群挤倒,导致踩踏事故。因此,当亲人、朋友未能一起撤离火场时,一定不能冲进去,应在约定地点等候。

第五节　地下建筑火灾逃生技巧

随着城市建设的不断发展，科学技术的不断进步，地下商业建筑、地下娱乐城、地下铁道、地下隧道等在各大城市相继涌现。不同形式、结构的地下建筑，不仅给人们的日常生活提供了方便，还使人们的生活更加丰富多彩。但是，由于使用单位缺乏消防安全意识，存在侥幸心理，往往疏于消防安全管理，存在火灾隐患。一旦发生火灾，极易造成人员伤亡。

一、影响逃生的因素

（一）烟气

地下建筑发生火灾时，一般通风条件较差供气不足，温度上升缓慢，阴燃时间长，因此发烟量大，而且浓烟与高温在短时间内聚集而不易散失。烟气的高温，会使被困人员感觉燥热、头昏脑涨，甚至身体虚脱；有毒烟气的吸入容易导致人员中毒窒息；浓烟充斥时能见度的明显降低，造成本能的心理恐慌。因此，高温、有毒烟气加大了人员疏散的困难，极易造成人员的大量伤亡。

（二）逃生途径

地下建筑安全出口数量少，疏散通道往往比较狭窄。身处地下，人们对方向的感知力下降，无法准确判断自己的方位，发生火灾时，很容易迷失方向。地下建筑着火，人员只有通过疏散楼梯、电梯向上疏散，疏散方向与烟气的流动方向一致，也是影响人员疏散的不利因素。

（三）光线

地下建筑平时全部采用人工照明，发生火灾时，正常用电电源切断，疏散通道内就只剩消防应急照明灯具、消防应急标志灯具，灯光照度较低，加上烟气的影响光线较微弱，不利于人员疏散。

二、避难逃生设施

下沉式广场、防火隔间、避难走道是总建筑面积大于20000平方米的地下或半地下商店特有的疏散避难设施。

下沉式广场(见图6-14)属于室外开敞空间，主要用于将大型地下商店分隔成多个相互相对独立的区域，当某个区域着火且不能有效控制时，它能有效地防止火灾蔓延至其他区域。为保证人员逃生,下沉式广场至少应设置1部疏散楼梯直达地面，火灾时可以用于人员疏散逃生。

图6-14 下沉式广场示例

防火隔间用于相邻两个独立使用场所的人员相互通行，其使用面积与防烟楼梯间前室的面积一致,设置有甲级防火门,内部装修材料均采用不燃材料,是相对安全的避难区域。

避难走道和防烟楼梯间的作用类似,疏散时人员只要进入避难走道,就可视为进入相对安全的区域,为确保人员疏散的安全,在避难走道内应至少设置1个直通地面的出口。

身处大型地下购物场所时,应先熟悉环境,通过安全疏散示意图确认自己所处位置及安全出口的方位,如果该场所设置了下沉式广场、避难走道、防火隔间,则应该记清通往那里的路线,以备需要时借助下沉式广场或避难走道逃生。

三、逃生技巧

(1)防烟是关键。地下建筑,一般通风条件较差、供气不足,发生火灾时,火场温度高,烟雾大,且短时间不易散开。疏散时应采取必要的防烟措施,如尽量降低姿势,用浸湿的毛巾、口罩或者衣物等捂住口鼻,然后再贴着墙壁前进,尽快寻找安全出口。

(2)牢记通道和出口。当发生火灾时,非消防电源被切断后,除了微弱的应急照明,再无其他光源,辨别方向、确定方位更加困难。进入地下前,首先应借助安全疏散指示图确定安全出口、疏散通道的位置,并牢记在心。进入地下后,应辨别方位,条件允许时,应确定一条较为快捷的疏散路径,并沿此路径体验一遍。

(3)发现起火,火势很小时,应立即扑救并拨打“119”报警。

(4)火场烟气较少时,立即沿地面和墙壁的灯光疏散指示标志,向最近的远离起火点的安全出口、疏散楼梯间疏散。若场所设置有下沉式广场、避难走道,则应借助下沉式广场、避难走道向通向地面的安全出口疏散。

(5)身处地下,更容易恐慌。一旦发生火灾,必须保持冷静,若现场有工作人员,应听从其诱导有秩序地疏散,切不可盲从、乱拥乱挤,阻塞出口。

(6)万一疏散通道被隔断,要沉着冷静,树立信心,做好防烟后,尽量想办法延长生存时间等待救援。

(7)成功逃生后,切不可重返地下。

第六节　公共娱乐场所火灾逃生技巧

公共娱乐场所是火灾事故多发场所,且极易造成重大人员伤亡。

伤亡案例1:2008年9月20日23时许,深圳市龙岗区龙岗街道龙东社区舞王俱乐部发生一起特大火灾,事故共造成43人死亡,88人受伤。

伤亡案例2:2009年1月31日23时56分许,福建省长乐市拉丁酒吧发生重大火灾,造成15人死亡、22人受伤的严重后果。

一、重大伤亡的根源

(一)争先恐后,相互踩踏

舞王俱乐部是一家歌舞厅,事发时,俱乐部内有数百人正在喝酒看歌舞表演,起火点位于舞王俱乐部3楼,现场有一条大约10米长的狭窄过道。现场人员逃出时,由于缺乏及时有效的组织引导,被困人员心理极度恐慌,无法及时找到疏散出口,进而发生互相拥挤和踩踏,造成惨剧。

(二)消防安全意识淡薄

火灾发生当晚,6名17~30岁的在校学生和受过高等教育的大学毕业生,无视有关法律法规的安全规定和烟花"禁止在室内燃放"的安全警示,在酒吧内违法燃放烟花,最终酿成了恶性群死群伤的火灾事故。

(三)缺乏自救逃生知识

"安全出口"意味着生的希望。进入陌生的公共场所,熟悉环境,掌握安全出口位置并确保其畅通,是必须具备的自救逃生知识。

"舞王"俱乐部事故当晚,由于不熟悉消防通道位置,加上大厅玻璃镜墙反光,误导逃生路线,大部分客人都涌向正门通道楼梯,几百人相互踩踏,造成死伤,而仅有数十人从其他的安全出口逃生。"拉丁"酒吧用于人员疏散的门是向内开的,火灾发生后,在一片漆黑混乱拥堵的情况下,逃生的门怎么都打不开。

二、逃生技巧

(一)熟悉环境,检查出口

影剧院、大型礼堂、体育馆的结构不像商场那样复杂,其疏散出口一般都比较明显。

影剧院、大型礼堂观看节目,体育馆观看比赛找到自己座位后,首先应该环顾四周,看一下所有的安全出口方位,并确定一下离自己较近的两个安全出口。

为了确保发生火灾时,能尽快撤离火场,应该亲自到这两个安全出口进行检查,确认安全出口通畅,无须任何工具即可打开。如果发现有上锁现象,观众有权要求工作人员将门打开,这是对自己的生命负责,也是对他人的生命负责。

震惊中外的克拉玛依友谊馆火灾的惨痛教训很多,其中之一就是铁将军把门。在火灾发生后,教师、家长、学生涌向出口,可南侧的两个过渡门、舞台左侧3个出口均被关闭锁死,眼看着自己就在门前,但却无路可逃,逃生出口变成了“鬼门关”。此次火灾造成323人死亡,130人烧伤。

(二)欣赏节目,但要保持警觉

影剧院、礼堂内最容易发生火灾的部位是舞台,舞台上摆放着各种各样的电气设备,灯光、音响、舞台烟雾等,加上放映或现场精彩的节目,观众往往沉浸在对节目的欣赏,忽略周边的异常情况。礼堂现场表演采用精彩烟火效果时,如果发生火灾,很难分辨。2002年7月20日,秘鲁首都利马乌托邦夜总会发生火灾,造成30人死亡,100人受伤。当日下午3时许,夜总会表演口喷火焰时,表演者将燃烧物体喷到空中,燃烧物体将夜总会的窗帘、天花板点燃,观众们不明真相,以为这也是表演的一部分。火灾蔓延之后,人们还在不停地喊“不要跑,不要跑”。当火灾引燃观众席并释放大量黑烟时,拥挤的人群才出现慌乱,开始不择手段地逃跑,致使不少人被踩死或踩伤。因此,观众们在尽情欣赏节目、观看比赛的同时,还应保持警惕,不要把真火真烟错当成增加舞台效果的手段。

(三)疏散困难,切忌拥挤

影剧院、大型礼堂、体育馆在有演出或比赛时人员密度极大,一旦发生火灾,观众由于慌张恐惧同时涌向某个出口,极易造成出口堵塞,后面的人在不知情的情况下继续向前拥挤,很可能挤倒前面的人,进而造成踩踏事件。所以,此类场所突发火灾,保持冷静、有序疏散尤为重要。你推我挤只能使疏散速度更慢,有序疏散反而会使更多的人得以逃生。

三、礼堂、影剧院等不同部位发生火灾,灵活应对

人员密集场所礼堂、影剧院、体育馆内部结构、功能相近。礼堂、影剧院的主体建筑一般由舞台、观众厅、放映厅三大部分组成。满足室内运动训练、竞赛的体育馆,一般按篮球比赛场地要求建造,四周设置梯形看台。此类场所内布置的座椅均为可燃物,而影剧院、大型礼堂内可燃物则更多,如幕布、各种舞台用电器设备等。一旦发生火灾,由于空气流通,各部位相连,火势会发展迅速,燃烧也相对猛烈。如果在5~10分钟内不能控制火势,就有可能形成大的灾害。

随着我国经济的发展和建筑技术的进步,有些影剧院、大型礼堂和体育馆的功能和

结构逐渐向复杂化方向发展，内部空间高、跨距大，演出、集会、比赛时人员高度集中，当发生火灾时，观众席上的人员疏散具有突发性和紧迫性特点，由于紧张心理的作用，大量人员一起力争尽快离开火灾现场，人流速度加快，呈现“后浪推前浪”的强制状态。如果有人摔倒或大量人员由宽阔的过道进入狭窄通道时，极易出现堵塞、停滞，继而诱发心理状态由紧张变为焦急、不知所措，盲目拥挤、推挤行为，大大降低疏散速度，也极易造成踩踏等人员伤亡事故。

因此，不同场地发生火灾，应灵活应对。

(1)当观众厅发生火灾时，火势主要向舞台和放映厅蔓延，此时应根据具体情况，向远离火源或与火灾蔓延相反的方向逃生。

(2)如果火源靠近放映厅，则可朝舞台方向疏散，利用舞台附近、观众厅前面的安全出口逃离火场，切不可爬上舞台。

(3)如果火源靠近舞台，则应朝放映厅方向疏散。

(4)楼上的观众可从疏散门由楼梯向外疏散，如果楼梯被烟气阻断，可以根据火情、火势，做好防烟防火保护后从浓烟烈火中冲出去，或者就地取材，开辟疏散通道，积极自救。

(5)疏散人员应按照现场工作人员的指挥，有秩序地从安全出口撤离。

(6)疏散时，应尽量靠近承重墙或承重构件，防止高空坠落物砸伤。观众厅起火时，应尽量不在场馆的中央停留。

(7)火场烟气较大时，宜弯腰行走或匍匐前进。

四、KTV、酒吧逃生警示

(1)进入 KTV、酒吧等场所时，除了记住入口位置，还应该寻找其他出口，并确认安全出口可以通向室外安全地带。如果发现安全出口被上锁或堵塞，应向服务人员讲清楚这样做的危害性，并说服其将锁打开或清理堵塞的杂物，这样可确保在紧急情况下能有路可逃。如果劝说工作失败，应该马上离开。

(2)在灯光幽暗的厅室内活动时，在狂欢的同时还应该保持警惕，应不时观察周围，是否有异常现象，警惕火灾的发生。

(3)一旦遭遇火灾，千万别惊慌失措，要沉着冷静，首先判断自己所处位置，确定并选择最佳的逃生路线。

(4)当发现大多数人都涌向同一安全出口时，千万别盲从。一旦安全出口处发生堵塞，应该尽力劝说现场人员不要拥挤、有序疏散。

(5)逃生时为避免受烟气侵袭，应使用身边可用的东西捂住口鼻并降低身体重心，尽快选择合适路线逃生。

(6)根据现场具体情况，积极寻找出口，利用室内的窗帘、坐垫等物品自制逃生工具设法逃生。

第七节　公共交通工具火灾逃生技巧

近年来，公共交通工具火灾事故时有发生，特别是汽车火灾事故。夏季，汽车自燃事故骤增，频频敲响安全警钟。大巴、公交车、地铁人员较为密集，一旦发生火灾，容易造成群死群伤事故。因此，掌握必要的逃生知识，熟悉可选的逃生路径，便可在遇险时挽救自己和他人的生命。

一、汽车火灾逃生通道

（一）前后车门

如果汽车起火，车门线路未被损坏时，应立即打开车门，乘客可以从前后门有序地下车。有的只在右侧前部设置一个车门的大巴车，在后部（通常在左侧）还设置了安全逃生门（类似飞机上的逃生门），紧急情况下找到逃生门的放气阀，只需顺时针旋转红色旋钮（可以听到呲呲声），5~10 秒泄压完成，即可推开安全门逃生。

一旦车门线路受损电动门失灵，无法正常打开，应该用手动方式打开车门。大巴、公交车一般都配有应急开关，不同的车型，应急开关的位置也不一样。通常，应急断气开关（车门应急阀，见图 6-15）位于司机座位旁边和前后车门顶部，形状大多数为扳手状，像电扇的档位开关。旋转或拉出此开关后，即可手动将车门推开。

警示案例：2016 年 7 月 19 日，台湾旅游大巴着火夺走了 26 条生命，无一人逃生。据桃园检方、警方与消防局初步勘验，发现起火客车左后侧的乘客逃生门打不开（有人在逃生门上多加了一个栓子），须用螺丝起子才能撬开，而逃生门附近正是陈尸最密集之处，警方分析多数死者因无法打开逃生门而被烧死。

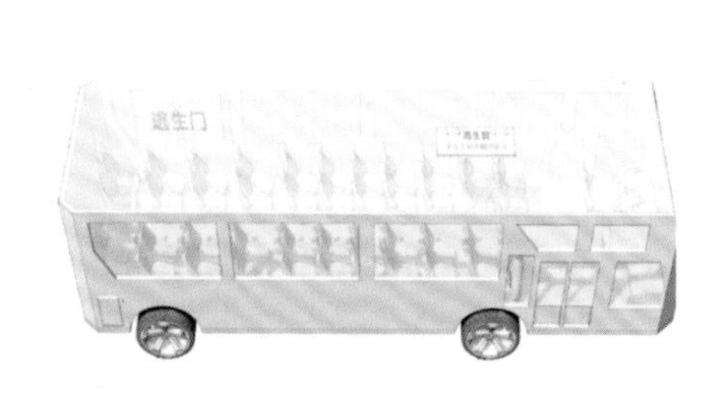

图 6-15　安全/逃生门

(二)车窗

图 6–16　车窗逃生锤

汽车起火后,除了从车门逃生外,还可以通过车窗逃生。为了提高乘坐的舒适度,安装空调系统的大巴、公交车均采用封闭式玻璃,并配备了辅助逃生工具安全锤。通常,每辆大巴车应配备多个安全锤,设置在大巴车的第 4 排和第 8 排座位的两侧车窗旁。使用安全锤时,应使用锤体尖头一侧锤打玻璃,锤打位置应为每块玻璃的四个角落，而不是玻璃的中部位置。如果所乘车辆上的安全锤遗失或不易寻找,司乘人员可使用车上灭火器、笔记本电脑、女士高跟鞋鞋跟、钥匙等硬物击打车窗玻璃(如图 6–16)。

(三)车顶逃生天窗

大巴、公交车顶部设有 2 个紧急逃生天窗,在紧急情况下,旋转车厢顶部逃生天窗的红色开关(旋钮),将车窗整个向外推即可打开(如图 6–17)。

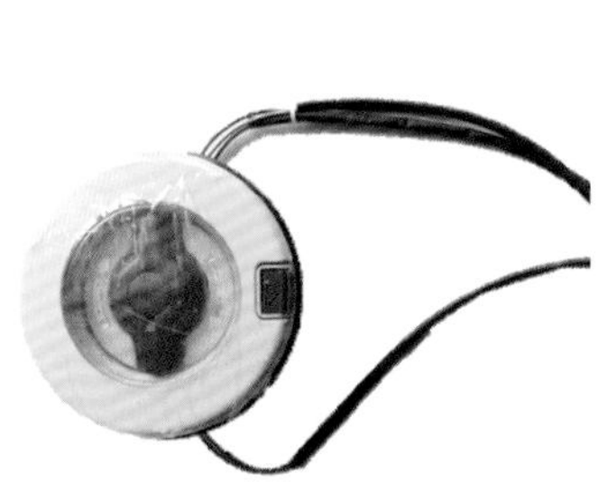

图 6–17　逃生天窗

二、地铁车厢、站台应急设施

地铁车厢、站台设置有各种应急装置,如逃生锤、灭火器、紧急报警器、安全门手动解锁装置等。这些设施只限于列车发生紧急情况,需要灭火或逃生时使用。这里简单介绍一下,以便乘坐地铁遭遇火灾等紧急情况时使用。日常运营过程中,乘客不得擅自使用,如果私自擅用对地铁列车的运营秩序造成影响,运营公司将按相关规定对当事人实施处罚。

(一)逃生锤

地铁列车的逃生锤安装于列车侧顶上方的盒体内,每节车设有两个。当列车发生紧急状况时,乘客可打开盒盖,取下逃生锤,用锤子击碎玻璃逃生。

(二)灭火器

地铁列车的灭火器设置在车型座椅下方,在其对应的上方侧顶处设有相应标志。列车若出现火情,乘客可自行取出灭火器,按要求对准起火点进行灭火作业。

(三)车厢紧急对讲装置

地铁列车的车厢紧急对讲装置,也称紧急对讲器、紧急报警器等。通常设置在列车门区的立柱罩板上。紧急情况下,乘客可根据防护罩板上的提示进行操作,打开/打破按钮防护盖,与驾驶室内的驾驶人员进行对话(如图 6-18)。

图 6-18 紧急报警器/紧急对讲示例

(四)车门紧急解锁装置(列车手动开门装置)

地铁列车的车门紧急解锁装置，也称列车手动开门装置,用于“叫停列车”,打开车门。地铁列车所有列车门的右侧都有一个“紧急制动”装置,此即“紧急解锁装置”,俗称“救生阀”。紧急情况下,乘客可打开有机玻璃盒盖，顺时针旋转红色把手或拉下红色手柄即可。一旦车门被打开，列车将立即失去牵引力,并实施紧急制动(如图 6-19)。

图 6-19 车门紧急解锁装置

(五)地铁安全门解锁装置

地铁安全门是保障站台候车乘客安全的屏障，通常有屏蔽门(幕门、全高安全门)、半高式安全门(闸门)。不同形式的安全门开启方式也有所不同。一般情况下,地铁安全门的开关是采用列车控制的。如果列车来了,安全门通过感应系统得知后自动开门。出现特殊情况时,车厢内的乘客只需轻触安全门,即可打开下车。安全门上的这种“手动解锁”装置只对车内人员有用。屏蔽门内侧有一对黄色或红色(绿色)把手,向外拉动把手,也可掰开屏蔽门,屏蔽门只要打开一个缝隙,列车也会紧急停止(屏蔽门打开,可以直接切断列车的回路,实现紧急停车)(如图 6-20)。

(六)手动火灾报警按钮

每个车站的站厅、站台墙上均安装有“火警手动报警器”,发生火灾时使用。

图 6-20 地铁安全门

三、大巴、公交逃生技巧

在现代化大都市中，大巴、公交车仍然是一种短程、经济的运输工具，属于承担客流量大的交通命脉。如果使用保养不当，可能出现因汽油管泄漏、电线老化等导致车辆自燃，也可能由于人为因素造成失火。假如乘车上班、外出旅游遭遇火灾，应该利用自己储备的安全逃生技巧尽快脱离险境，或帮助他人逃生。

(一)保持冷静，寻找逃生通道

汽车着火，应立即让驾驶员停车并开启前后车门，让乘客迅速下车。若无法正常打开车门，则立即借助应急断气开关手动打开车门，迅速有序疏散。

车上人员较多，车门被火封锁或车门疏散不畅，应立即进行多方位疏散。离车窗较近的乘客应打开或使用安全锤砸开车窗、车辆中部的乘客应设法开启天窗、车辆尾部安全逃生门附近的乘客则应立即打开逃生门。

(二)使用车载灭火器灭火

大巴、公交车配置的灭火器通常在驾驶员座位旁边、后门垃圾桶附近。起火初期，离起火点较近的乘客应配合驾驶员尽快使用灭火器扑灭火焰。

如果火势发展较快，则应放弃灭火，赶紧撤离，并远离车体。

(三)做好防护，有序疏散

(1)如果现场火势较大，逃生时最好用毛巾、口罩或衣物捂住口鼻，防止燃烧产生的烟尘吸入造成窒息。

(2)在车内应俯身低姿行走，有效防止吸入过多有害烟尘。

(3)如果火焰较小但封住了车门，可以用随身衣物蒙住头部冲下车。

(4)车辆空间狭小，有序逃离至关重要。应优先帮助老年人、小孩及行动不便的乘客疏散，一定不要争抢，以免堵塞，反而延误逃生时间。

(5)如果乘客的衣物被引燃，不要惊恐，应该冷静地采取措施：迅速脱下衣服，用脚踩灭火焰；就地打滚；用其他的衣物捂住着火部位。切忌不要带火奔跑，使火势变大。

四、地铁火灾的逃生方法

(一)保持镇静，听从指挥

无论列车处于行驶在隧道中央还是驶离/到达车站，列车起火，乘客都不要恐慌。工作人员到来之前，保持镇静，不要拉门、砸窗、跳车。当列车即将进站或驶离站台时，更不能无秩序地拥挤，地铁在站台停靠时间仅有2分钟，不理智的拥挤，很容易造成疏散通道阻塞，进而导致人员挤伤、踩伤等意外发生。如遇地铁列车起火，乘客应注意列车的应急广播，听从工作人员的指挥，按照指示路线有序疏散。

(二)发现异常情况，积极应对

外出乘坐地铁时，发现车厢内或站台有烧焦的异味、烟雾、明火等异常情况，应立即保持警觉，若确实起火，应即刻采取以下措施。

(1)拨打“119”报警并大声呼喊提示其他乘客。

(2)立即触发(按动或拉动)车厢内紧急报警装置。紧急报警器安装在每节车厢的车门左侧，紧急情况下打开红色按钮保护盖，按下红色报警按钮后就可以与司机对话。司机收到报警信息后会及时进行紧急处置，停车检查或通知工作人员前来处理。

(3)如果是站台起火，应立即找到就近的手动火灾报警按钮报警。

(4)在报警的同时，取出灭火器进行灭火。车厢内的灭火器放置在座位底下有灭火标志的地方，旋转拉手90°，开门即可取出。

(三)依据火情，灵活疏散

行进的车厢出现明火、有毒烟雾时，应将老、弱、妇、幼等弱势人群优先疏散到其他车厢。当烟气扩散较快时，为了减少有毒烟雾的吸入，应该避免直立行走，尽量贴近地面向未起火车厢疏散。也可用湿毛巾、口罩、携带的衣物等物品捂住口鼻。

如果地铁被迫停留在隧道中央，乘客应该按照工作人员确定的安全疏散方向，从车头或者车尾的疏散门(列车两头驾驶室里的“逃生门”)进入隧道，往临近的车站撤离。地铁隧道狭窄，且布有高压电，沿铁道疏散时，应防止发生触电。

如果列车电源已经被切断或者发生故障，列车正好停靠在站台上，应该寻找手动开门装置，自行手动打开车门，如果车站安全门/屏蔽门处于关闭状态，应使用手动解锁装置打开安全门，有秩序地通过站台向地面疏散。

如果站台起火，乘客应根据起火位置，选择远离起火点的疏散楼梯向地面疏散。疏散过程中，应听从站内工作人员的指挥，不应前拥后挤，避免发生踩踏事故。现场无工作人员进行疏散诱导，乘客应先确定安全出口位置，选择远离起火点的安全出口，根据地面上的疏散指示方向标志，沿指示路线疏散。

警示案例：2003年2月韩国大邱地铁中央路站发生火灾，最先着火的是一组载有约400名旅客的6节列车。4分钟之后，另一组同样的列车，从与起火列车相反方向驶入中央路车站。后进站的这组列车的驾驶员因为害怕有毒气体进入车厢而没有及时打开车厢门疏散乘客。等再想打开列车的车门时，电源已被切断，使得全体乘客都被关在了黑暗的车厢内。一些车厢的乘客找到了应急装置，用手动方式打开了车门得以逃生，但是许多车门一直未被打开。第一组列车的车厢门是开着的，所以乘客可以及时逃出去。但第二组列车的车门却是紧闭的，死亡者中的绝大多数是第二组列车上的乘客。由此可见，如果在地铁列车上遭遇火灾，沉着镇静，灵活机智，就有可能使自己生还。

第八节　学校火灾逃生技巧

学校肩负着培养人才的重任，随着教育普及力度的进一步加大、各大学校“扩招”幅度的加大，校园内的人员更加密集。原有老式建筑消防设施未更新配套，消防安全管理制度不健全、学生防火意识淡薄等，是消防安全隐患存在的主要原因。为避免发生火灾时，造成严重伤亡，广大师生应该掌握一些逃生技巧。

一、教学楼火场逃生

（一）教室失火

当火势较小时，应立即就近取灭火器、灭火毯灭火，离洗手间较近的教室，则可取水灭火，也可使用活动桌椅将小火压灭。灭火的同时，应在老师的指挥下，有序从教室的前、后门疏散。起火教室内人员疏散完毕后，应立即关闭教室的门，防止火蔓延至楼道。

一层教室失火，烟火封住教室房门时，可从窗口逃生；若二三层的教室失火，房门已被烟火封堵，可用窗帘、衣物等自制安全绳，一头固定在暖气管或固定座椅的腿上，从窗口顺绳下滑至室外地面；较高楼层的教室失火且房门被火封锁时，切不可盲目跳楼。

其他教室失火时，尚未蔓延至楼道时，切不可围观。应立即有秩序地从疏散通道向室外疏散。如果主疏散楼梯疏散人员较多，应冷静观察起火位置、确定火势蔓延的方向，选择与蔓延方向相反的疏散楼梯逃生。

（二）楼道失火

如果楼道，恰被烟火封堵在教室内时，应立即关闭教室门及室内与楼道连通的通风口，防止烟气进入教室。

（三）灵活应对

(1)身上着火时不要惊慌、奔跑，可就地打滚，压灭火焰。

(2)利用疏散楼梯逃生时,不能慌乱拥挤,应留出一半空间让消防队员通过。

(3)烟火封住下撤楼道、大门时,可迅速撤往楼顶平台,等待救援。

(4)如果教室、楼道已经有大量烟气,疏散时应采取防烟措施,如用手绢、口罩等捂住口鼻,弯腰低姿快行,防止吸入有毒烟气。

二、宿舍楼火场逃生

宿舍出现火情,应立即边灭火边报警。灭火时应注意先切断电源,转移起火点附近的可燃物。2~3 分钟仍不能控制火势,则应立即撤离宿舍,并随手关闭房门,选择最近的疏散通道向室外安全地带疏散。同时应通知宿舍管理员及其他人员开始应急疏散。火势较小时,要当机立断披上浸湿的衣服或裹上湿毛毯、湿被褥勇敢冲出去。

当宿舍发生火灾,烟火完全封住房门时,住一层宿舍的人员可从窗口跳出去;二三层的可用床单、被套、窗帘制成安全绳,从窗口缓缓下滑;如果是其他较高楼层,则应保持冷静,观察火情,努力寻找其他路径或办法逃生,切不可盲目跳楼。应退到窗口、阳台,挥动颜色鲜艳的物品或大声呼喊、敲击金属物品向外发出求救信号,夜间可使用手电筒发出求救信号。

若逃生路线被火封堵,立即退回室内(最好是卫生间),关闭房门,堵住缝隙,有条件的向门上浇水降温,然后想办法利用房内的窗户、阳台、落水管等逃生自救。当烟火封住向下向外疏散的通道、大门时,可向上疏散到楼顶平台,等待救援。

人员疏散时,应维持好疏散秩序,防止拥挤踩踏。脱离危险后,不可因抢救个人财物而"重返"火场。从高层宿舍向下疏散时,不要乘坐普通电梯。

三、实验室火场逃生

使用易燃易爆实验试剂的实验室起火,应立即采取以下行动。

(1)使用实验室配备的灭火器灭火,同时应拨打"119"报警。

(2)切断电源。

(3)迅速将所有易燃易爆物品转移到安全区域。

(4)组织现场人员疏散到室外。

遇火可能产生有毒气体的实验室起火,应用湿毛巾等物品捂住口鼻撤离,避免中毒。

撤离实验室行动要迅速,并尽可能降低重心、用试验台做遮挡物,避免发生爆炸时飞出的玻璃等物品伤害。如果火封住了门,被困室内,应尽量想办法从窗户等出口逃走。如果实在不行,应尽可能在室内控制火势,洒水降温,保持自己的清醒,发出求救信号,躲避在有新鲜空气的墙边等待救援。

第九节 牢记误区积极逃生

本章第一节介绍了火场逃生应该掌握的技巧,但仅知道这些技巧还不够,因为当突发事件发生时,人往往会一下子“懵了”,不知道该怎么办,所以常常不假思索就采取行动,而这些行为很有可能是错误的。这里介绍几种错误行为,以警示大家,万一遇到火灾,千万不要这样做!

一、急于逃生,贸然打开房门

得知建筑内发生火灾,室内人员往往急于逃生,在不知道火灾发生部位、不了解火势如何的情况下,第一反应便是开门。这种行为是错误的。

烟火无情,在其面前,人的生命很脆弱。面临火灾的时候,千万不要低估烟火的危险性。被困室内,如果烟火就在门外,或者火势已经很大,门外充满有毒烟气,贸然开门就会将自己置身于烟火中,有可能会被烟气熏倒或被火焰烧伤。

正确做法:开启房门前,应先用手背触摸门把手或门板,如果门把手温度正常,或者没有烟气从门缝窜入,说明起火位置及有毒烟气离自己还有一段距离,此时可以打开一道门缝,观察一下外面的情况,确定正确的逃生路线后快速撤离;如果门把手温度很高或者发现有烟气从门缝窜入,应该暂时留在室内,用浇湿的毛巾等物品将房间的门缝封好,寻找其他正确的逃生方法和路线;如果没有其他可选的路线逃生,则应在采取有效的防烟措施及避免受灼伤等措施后,再打开房门,尽快向安全出口方向疏散。

成功案例:2003 年 2 月 2 日,哈尔滨的道外区靖宇街天潭酒店特大火灾事故中,二楼包房就餐的孙先生沉着冷静地指挥家人用饮料浇湿桌布堵住门缝,用湿餐巾捂住口鼻,砸破窗户,在路人的接应下,一家 16 口顺利地从二楼的窗口跳楼逃生。

二、固有习惯,原路撤离

身处陌生环境时,最常见的逃生行为就是沿原路撤离建筑物。这是因为事先没有熟悉建筑物内部的布局,不了解建筑物主要疏散通道的方位,而且火场逃生意识比较淡薄,不知道安全疏散最宝贵的是争取时间。另一种情况就是对日常生活工作的环境较为熟悉,日常行动路线烂熟于心。当所在场所发生火灾,不自觉地沿着进来的出入口、楼道寻找逃生路径或者按每天的行动路线疏散,只有发现原路被阻塞时,才被迫寻找其他的疏散通道。然而,此时可能已经丧失了最佳的逃生时间,火灾已迅速蔓延,产生大量的有毒气体随时会危及生命。因此，当我们进入陌生的建筑中时，一定要首先了解和熟悉周围环境、疏散路径，做到有备无患，防止发生意外。

三、缺乏自信，盲目跟从

从众心理在火场的表现就是缺乏自信，自己不冷静思考，认为他人的判断是正确的，当听到或者看到有人在前面跑时，盲目地跟随其后。当人的生命处于危险之中时，极易由于惊慌失措而失去正常的判断思维能力，特别是妇女儿童。常见的行为主要有盲从疏散路线，跟随跳窗、跳楼，或者是躲避在房屋的角落等。这种行为往往会造成混乱无序、无法控制的局面，降低了安全疏散的概率。

正确做法：要克服这种行为的方法就是平时加强学习和训练，积累一定的防火自救知识与逃生技能，树立自信，方能处危不惊。场所发生火灾时，首先要保持冷静，靠自己视觉、听觉等获得的所有信息，做出正确的判断，然后再采取行动，积极寻找出路或者逃生方法。

四、找到亲朋，一起疏散

遭遇火灾时，极力寻找同处危难的亲朋好友，也是一种不可取的逃生行为。最理想的就是亲人就在附近，或通过呼喊就可以聚到一起。这样亲人可以互相安慰、互相鼓励，共同努力度过劫难。而如果亲朋已经分散，相距较远，应该珍惜宝贵的逃生时间，不要耽误时间到处寻找。假若亲朋都把宝贵的逃生时间花费在互相寻找上，很可能谁都无法平安脱险。因此，与亲朋一同身陷火场，正确的做法是各自寻找出路尽快疏散到安全地带，到达安全地带后，再想办法取得联系，或请求消防队员实施寻找、救援。

五、不辨情况，照搬“书本”

随着社会的不断进步，人们对火灾的认识不断加深，通过书籍、电视、网络等渠道获得的火场逃生知识也越来越丰富。“逃生时必须用湿毛巾捂住口鼻”“逃生时必须弯腰”“逃生时不可乘坐电梯”……，这些信息在脑海中留下的印记，在遭遇火灾时，很可能派上用场。然而，火灾现场，变化莫测，完全照搬“书本”知识也是不可取的。

正确做法：根据火场的实际情况，正确选择逃生方法，采取适当的逃生行为，避免陷入逃生误区。

(1)在火场逃生中，身边正好有毛巾，打湿它又花不了几秒钟，无妨用它蒙住口鼻，这样在逃生时能削减火场空气的吸入。但由于它的效果有限，无法过滤掉烟气中的所有有毒有害物质，如一氧化碳，千万别刻意寻找毛巾，只要使用身边棉质衣物即可，也不要再花费很多时间找水来浸湿。身处火场，时间就是生命。切不可因过度教条，丧失逃生的机会。

(2)发生火灾,不提倡乘坐普通电梯逃生,是为了避免断电时被困在电梯内。如果在写字楼等高层建筑中,特别是超高层建筑中,乘坐电梯逃生是最快捷的路径。但是高层乘坐电梯逃生必须具备以下条件:①必须是乘坐消防电梯;②必须是在有专业消防技能的人员陪同下乘坐;③电梯必须具备可靠的消防供电。

(3)在火场中逃生时,应依据有毒烟气的高度确定相应的撤离姿态。有书本指出,火灾逃生时高度为 1.4 米。火灾发展的不同时期,有毒烟层的高度不尽相同,应该根据具体的火灾烟气层高度采取不同高度的姿态撤离火场,弯腰的程度为尽量少吸入烟气,还应该考虑疏散的速度。比如在烟气还只停留在屋顶附近没有蔓延至身高位置时,则不必采取弯腰姿势,应快速跑离火灾现场。

(4)火灾初期,采取把棉被打湿逃生的方法会严重影响逃生速度,并不可取。盖湿棉被逃生适合在生命受到威胁时,冲出短距离火场。打湿棉被要花费一定时间,盖了棉被后人体负重明显降低逃生速度,因此,应该根据火场实际情况,判断是否有必要,尽量采取节省时间的方案进行逃生。

六、无处可逃,贸然跳楼

火灾发生初期,火场人员会立即做出第一反应,这时的反应大多还是比较明智的。但是,当发现选择的逃生路线错误而又被大火包围时,看到火势越来越大,烟雾越来越浓,就很容易失去理智,往往会选择跳楼等不明智之举。实际上,与其采取冒险行为,不如稳定情绪,另谋生路。

正确做法:根据火场的实际情况,寻找安全撤离的路径。

(1)可利用水管、房屋内外的突出部分(如阳台)和各种门、窗,以及建筑物的避雷网(线)进行逃生,或转移到安全区域再寻找机会逃生。

(2)积极寻找避难处所。如到室外阳台、楼房平顶等待救援。

(3)利用逃生绳索开辟逃生通道。身边没有逃生绳索,紧急情况时也可借助结实的布匹、床单、窗帘或消防水带。使用逃生绳索时,必须确保绳索一端紧拴在牢固的门窗上,另一端系在腰上,再顺着绳索滑下逃生。但这种方法不适合力气小的老人、小孩和妇女。

成功案例:2004 年 2 月 15 日发生的吉林中百商厦火灾中,被困火场内的李先生就是利用床单,把它们系在一起,先后将妻子及其他 4 人顺下后,自己也利用这条用床单结成的绳子逃了下来。虽然李先生和妻子都受了伤,但均保住了性命。

在火场中跳楼逃生要谨慎,在楼层较低时或确保安全的情况下,可以跳楼。不到万不得已,尽可能不要选择跳楼。一般在 4 层以下,非跳楼即烧死的情况下才选择跳楼。即使没有任何退路,生命还未受到威胁,也要冷静等待消防队员的救援。

(1)在窗口等待救援,待消防队员准备好救生气垫并指挥跳楼时,才可采取跳楼的方法。消防官兵在救援中也会使用救生气垫为选择跳楼逃生的人提供保护，但根据救生气垫的性能参数，救生气垫只能保证人员在 10 米以下的高度坠落时的安全。

(2)选择棉被、沙发座垫等松软物品、铺展开面积较大的柔软物品先扔下去作为缓冲物，然后手扒窗台，身体下垂，头上脚下自然下落的方式缩短与地面的距离。

(3)根据周围的地形，选择平台、树木、沙土地、楼下的石棉瓦车棚、水池河畔等处或者打开大雨伞跳下，以减缓冲击力，减轻对身体造成的伤害。

(4)徒手跳的要用双手抱紧自己的头部，身体弯曲，卷成一团，这样可以减轻对头部造成的伤害。

尽管低楼层时可以选择跳楼，但我们提倡：只要有一线生机，切忌盲目跳楼。缺乏火灾逃生的基本知识，留给我们的只能是一幕幕血的教训。1985 年 4 月 19 日，发生在哈尔滨市天鹅饭店第 11 层的火灾，共造成 10 人死亡，7 人受伤。在死亡的 10 人当中，9 人是盲目跳楼而死的。2002 年 5 月 29 日，哈尔滨市道里区民胜街一户 5 楼居民家里起火，当时眼看着大火烧起，一男子惊恐中第一个跳楼，其他人受到他的影响，也往下跳。伤亡者中有 8 人是跳楼造成的，其中 2 人当场摔死、6 人受伤。他们均是不懂得有效地控制烟气侵入、不了解正确的避难等待救援的方法而盲目跳楼，最终酿成悲剧。